普通高等教育"十一五"国家级规划教材

史春联　王廷蔚　主编
朱　杰　尹　静　副主编

Access 2010
数据库技术与应用
实验及学习指导

U0311287

21世纪计算机科学与技术实践型教程

丛书主编　陈明

清华大学出版社
北京

内 容 简 介

　　本书是《Access 2010 数据库技术与应用》的配套教学用书,章节安排与主教材中的 1～9 章完全对应,包括数据库基础知识、Access 2010 数据库、表、查询、窗体、报表、宏、VBA 编程基础和 VBA 数据库编程,每章由经典题解、同步自测和上机实验三部分组成。另外,本书在附录中提供了全国计算机等级考试二级 Access 数据库程序设计考试说明、考试大纲和样卷及答案解析,以便于读者备考。

　　本书可作为普通高等院校 Access 数据库课程的上机实践教材,也可作为计算机等级考试培训辅导书,还可作为广大 Access 爱好者的学习参考书。

图书在版编目(CIP)数据

　　Access 2010 数据库技术与应用实验及学习指导/史春联,王廷蔚主编. --北京:清华大学出版社,2014(2014.8 重印)

　　21 世纪计算机科学与技术实践型教程

　　ISBN 978-7-302-35670-7

　　Ⅰ. ①A…　Ⅱ. ①史… ②王…　Ⅲ. ①关系数据库系统-高等学校-教学参考资料　Ⅳ. ①TP311.138

　　中国版本图书馆 CIP 数据核字(2014)第 052975 号

责任编辑:谢　琛　薛　阳
封面设计:何凤霞
责任校对:时翠兰
责任印制:王静怡

出版发行:清华大学出版社
　　　　网　　　址:http://www.tup.com.cn,http://www.wqbook.com
　　　　地　　　址:北京清华大学学研大厦 A 座　　　　邮　　编:100084
　　　　社 总 机:010-62770175　　　　　　　　　　　邮　　购:010-62786544
　　　　投稿与读者服务:010-62776969,c-service@tup.tsinghua.edu.cn
　　　　质 量 反 馈:010-62772015,zhiliang@tup.tsinghua.edu.cn
印 装 者:三河市李旗庄少明印装厂
经　　销:全国新华书店
开　　本:185mm×260mm　　印　　张:16.75　　字　　数:382 千字
版　　次:2014 年 6 月第 1 版　　　　　　印　　次:2014 年 8 月第 2 次印刷
印　　数:2001～4000
定　　价:29.50 元

产品编号:058334-01

《21世纪计算机科学与技术实践型教程》

序

21世纪影响世界的三大关键技术：以计算机和网络为代表的信息技术；以基因工程为代表的生命科学和生物技术；以纳米技术为代表的新型材料技术。信息技术居三大关键技术之首。国民经济的发展采取信息化带动现代化的方针，要求在所有领域中迅速推广信息技术，导致需要大量的计算机科学与技术领域的优秀人才。

计算机科学与技术的广泛应用是计算机学科发展的原动力，计算机科学是一门应用科学。因此，计算机学科的优秀人才不仅应具有坚实的科学理论基础，而且更重要的是能将理论与实践相结合，并具有解决实际问题的能力。培养计算机科学与技术的优秀人才是社会的需要、国民经济发展的需要。

制订科学的教学计划对于培养计算机科学与技术人才十分重要，而教材的选择是实施教学计划的一个重要组成部分，《21世纪计算机科学与技术实践型教程》主要考虑了下述两方面。

一方面，高等学校的计算机科学与技术专业的学生，在学习了基本的必修课和部分选修课程之后，立刻进行计算机应用系统的软件和硬件开发与应用尚存在一些困难，而《21世纪计算机科学与技术实践型教程》就是为了填补这部分空白。将理论与实际联系起来，使学生不仅学会了计算机科学理论，而且也学会了应用这些理论解决实际问题。

另一方面，计算机科学与技术专业的课程内容需要经过实践练习，才能深刻理解和掌握。因此，本套教材增强了实践性、应用性和可理解性，并在体例上做了改进——使用案例说明。

实践型教学占有重要的位置，不仅体现了理论和实践紧密结合的学科特征，而且对于提高学生的综合素质，培养学生的创新精神与实践能力有特殊的作用。因此，研究和撰写实践型教材是必需的，也是十分重要的任务。优秀的教材是保证高水平教学的重要因素，选择水平高、内容新、实践性强的教材可以促进课堂教学质量的快速提升。在教学中，应用实践型教材可以增强学生的认知能力、创新能力、实践能力以及团队协作和交流表达能力。

实践型教材应由教学经验丰富、实际应用经验丰富的教师撰写。此系列教材的作者不但从事多年的计算机教学，而且参加并完成了多项计算机类的科研项目，他们把积累的经验、知识、智慧、素质融于教材中，奉献给计算机科学与技术的教学。

我们在组织本系列教材过程中，虽然经过了详细的思考和讨论，但毕竟是初步的尝试，不完善甚至缺陷不可避免，敬请读者指正。

本系列教材主编 陈明

2005年1月于北京

前　　言

　　本书是《Access 2010 数据库技术与应用》一书的配套教学用书,用以加强理论课和实验课的教学,提高学生实际的应用能力。本书通过理论与实践教学,帮助学生掌握关系型数据库的基本操作,理解关系型数据库的有关概念,具备一定的数据库结构设计的能力,并能综合运用所学知识,进行小型数据库应用系统的开发工作。

　　本书章节安排与配套教材中的 1~9 章完全对应,包括数据库基础知识、Access 2010 数据库、表、查询、窗体、报表、宏、VBA 编程基础和 VBA 数据库编程,每章由经典题解、同步自测和上机实验三部分组成。

　　(1) 经典题解:精选大量等级考试真题,并给予详细分析和解答,便于读者掌握所学知识点,提高应试能力。

　　(2) 同步自测:试题取自于考试题库,方便读者一点一练,同步测试。

　　(3) 上机实验:每一个实验都根据教学目标而设计,详细介绍了实验的操作过程并给出了实验结果,特别是这些实验若能顺利完成,可使学生对 Access 数据库应用系统的开发有一个完整的概念,从而更好地掌握数据库应用系统开发的基本技能。

　　为了便于读者备考,本书在附录中提供了全国计算机等级考试二级 Access 数据库程序设计考试说明、考试大纲和样卷及答案解析。考试说明部分对上机考试环境、考试内容和考试题型进行了详细介绍;样卷紧扣全国计算机等级考试大纲,并在深入研究等级考试真题的基础上编写而成,便于考生了解考试形式和试题的难易程度。

　　本书由史春联、王廷蔚任主编,朱杰、尹静任副主编,何光明、朱贵喜、张华明、张伍荣、吴婷、卢振侠、石雅琴、陈莉萍、张居晓、李海、范荣钢、赵明、李佐勇、陈海燕参与了本书部分章节的编写和资料整理工作,在此表示衷心感谢!

　　由于编者水平有限,书中疏漏与不足之处在所难免,敬请读者批评指正,联系邮箱:Book21Press@126.com。

编　者

目　　录

第1章　数据库基础知识

1.1　经典题解

一、选择题

1. 数据独立性是数据库技术的重要特点之一。所谓数据独立性是指_____。

    A. 数据与程序独立存放

    B. 不同的数据被存放在不同的文件中

    C. 不同的数据只能被对应的应用程序所使用

    D. 以上三种说法都不对

    解析：数据独立性包括数据的物理独立性和逻辑独立性。数据的物理独立性是指用户的应用程序与存储在磁盘上的数据库中的数据是相互独立的,当数据的物理存储结构改变时,应用程序不用改变;数据的逻辑独立性是指用户的应用程序与数据库的逻辑结构是相互独立的,也就是说,数据的逻辑结构改变了,用户程序也可以不变。因此选项 A、B、C 说法不正确。

    答案：D

2. 用树状结构表示实体之间联系的模型是_____。

    A. 关系模型　　　　　　　　　　B. 网状模型

    C. 层次模型　　　　　　　　　　D. 以上三个都是

    解析：若用图来表示,层次数据模型是一棵倒立的树,网状数据模型是一个网络,而关系数据模型则是一个二维表。因此选项 A、B、D 不正确。

    答案：C

3. Access 中表和数据库的关系是_____。

    A. 一个数据库可以包含多个表　　B. 一个表只能包含两个数据库

    C. 一个表可以包含多个数据库　　D. 一个数据库只能包含一个表

    解析：表是数据库中用来存储数据的对象,是整个数据库系统的基础。Access 允许一个数据库中包含多个表,用户可以在不同的表中存储不同类型的数据。因此选项 B、C、D 的说法是不正确的。

    答案：A

4. 假设数据库中表 A 与表 B 建立了"一对多"关系,表 B 为"多"的一方,则下述说法中正确的是_____。

　　A. 表 A 中的一个记录能与表 B 中的多个记录匹配
　　B. 表 B 中的一个记录能与表 A 中的多个记录匹配
　　C. 表 A 中的一个字段能与表 B 中的多个字段匹配
　　D. 表 B 中的一个字段能与表 A 中的多个字段匹配

解析:在 Access 中,一对多联系表现为主表中的每条记录与相关表中的多条记录相关联,联系到本题,正确的表述应该是表 A 中的一个记录能与表 B 的多个记录匹配。

答案:A

5. 数据表中的"行"称为_____。

　　A. 字段　　　　　　　　B. 数据　　　　　　　　C. 记录　　　　　　　　D. 数据视图

解析:在数据表中,数据以行和列的形式保存,类似于通常使用的电子表格。表中的列称为字段,表中的行称为记录,记录是由一个或多个字段组成的,一条记录就是一个完整的信息。

答案:C

6. 数据库系统的核心是_____。

　　A. 数据模型　　　　　　　　　　　　　B. 数据库管理系统
　　C. 数据库　　　　　　　　　　　　　　D. 数据库管理员

解析:数据库系统的核心是数据库管理系统。数据库管理系统是指位于用户与操作系统之间的数据管理软件。数据库管理系统是为数据库的建立、使用和维护而配置的软件。数据库在建立、运用和维护时由数据库管理系统统一管理、统一控制。

答案:B

7. 如果表 A 中的一条记录与表 B 中的多条记录相匹配,且表 B 中的一条记录与表 A 中的多条记录相匹配,则表 A 与表 B 存在的关系是_____。

　　A. 一对一　　　　　　　B. 一对多　　　　　　　C. 多对一　　　　　　　D. 多对多

解析:在 Access 中,多对多的联系表现为一个表中的多条记录在相关表中同样可以有多条记录与之对应。即表 A 中一条记录在表 B 中可以对应多条记录,而表 B 中的一条记录在表 A 中也可对应多条记录。

答案:D

8. "商品"与"顾客"两个实体集之间的联系一般是_____。

　　A. 一对一　　　　　　　B. 一对多　　　　　　　C. 多对一　　　　　　　D. 多对多

解析:考虑一件商品只能被一个顾客买走,而一个顾客可以购买多个商品,因此商品和顾客这两个实体之间的联系是多对一的联系。

答案:C

9. 数据库 DB、数据库系统 DBS、数据库管理系统 DBMS 之间的关系是_____。

　　A. DB 包含 DBS 和 DBMS　　　　　　　B. DBMS 包含 DB 和 DBS
　　C. DBS 包含 DB 和 DBMS　　　　　　　D. 没有任何关系

解析:数据库系统是指引进数据库技术后的计算机系统,能实现有组织地、动态地存储大量的相关数据,提供数据处理和信息资源共享的便利手段。它包括:硬件系统、数据库集合、数据库管理系统及相关软件、数据库管理员和用户。

答案:C

10. 常见的数据模型有三种,它们是_____。

    A. 网状、关系和语义   B. 层次、关系和网状

    C. 环状、层次和关系   D. 字段名、字段类型和记录

解析:数据模型分为三种,分别是层次数据模型、网状数据模型、关系数据模型。

答案:B

11. 下列实体的联系中,属于多对多联系的是_____。

    A. 学生与课程   B. 学校与校长

    C. 住院的病人与病床   D. 职工与工资

解析:在本题中,选项 A 多名学生可以选择一个课程,而且每一名学生又可以选择多门课程;选项 B,一个学校只能有一个校长;选项 C 一张病床只能住一个病人;选项 D 一个职工只能领一份工资,一份工资只能由一个职工领取。因此只有选项 A 是多对多联系。

答案:A

12. SQL 的含义是_____。

    A. 结构化查询语言   B. 数据定义语言

    C. 数据库查询语言   D. 数据库操纵与控制语言

解析:SQL 的含义是结构化查询语言(Structured Query Language),包括数据定义、查询、操纵和控制 4 种功能。

答案:A

13. 在 SQL 的 SELECT 语句中,用于实现选择运算的是_____。

    A. FOR   B. WHILE   C. IF   D. WHERE

解析:SELECT 语句的语法包括几个主要子句,分别是:FORM、WHERE 和 ORDER BY 子句,在语句中 WHERE 后跟条件表达式,用于实现选择运算。

答案:D

14. 下列叙述中错误的是_____。

    A. 在数据库系统中,数据的物理结构必须与逻辑结构一致

    B. 数据库技术的根本目标是要解决数据的共享问题

    C. 数据库设计是指在已有数据库管理系统的基础上建立数据库

    D. 数据库系统需要操作系统的支持

解析:数据库系统中 DBMS 提供的两层映像机制保证了数据库中数据的逻辑独立性和物理独立性。其中,模式/内模式映像定义了数据库中数据全局逻辑结构与这些数据在系统中的物理存储组织结构之间的对应关系。当数据库中数据物理存储结构改变时,可以调整模式/内模式映像关系,保持数据库模式不变,从而使数据库系统的外模式和各个应用程序不必随之改变。因此选项 A 的说法不正确。

答案:A

15. 在现实世界中,每个人都有自己的出生地,实体"人"与实体"出生地"之间的联系是_____。

    A. 一对一联系   B. 一对多联系   C. 多对多联系   D. 无联系

解析:一对多的联系表现为表A的一条记录在表B中可以有多条记录与之对应,但表B中的一条记录最多只能与表A的一条记录与之对应。本题中一个出生地可以对应很多人,而一个人只能有一个出生地。

答案:B

16. 下列叙述中正确的是_____。

    A. 数据库系统是一个独立的系统,不需要操作系统的支持

    B. 数据库的根本目标是要解决数据的共享问题

    C. 数据库管理系统就是数据库系统

    D. 以上三种说法都不对

解析:操作系统是数据库系统能运行的前提条件,也就是说,数据库系统的运行环境必须有操作系统的支持。数据库管理系统不等同于数据库系统,数据库系统包含数据库管理系统。数据库的根本目标是实现数据的共享问题。

答案:B

17. 在企业中,职工的"工资级别"与职工个人"工资"的联系是_____。

    A. 一对一联系   B. 一对多联系   C. 多对多联系   D. 无联系

解析:每个"工资级别"有多个职工的工资与之对应,而每个职工的工资只能有一个"工资级别"与之对应。因此,本题中两者的联系是一对多联系。

答案:B

18. 在关系数据库中,能够唯一地标识一个记录的属性或属性的组合,称为_____。

    A. 关键字   B. 属性   C. 关系   D. 域

解析:关键字是能够唯一地标识一个元组的属性或属性的组合。在Access中,主关键字和候选关键字就起唯一标识一个元组的作用。一个关系就是一个二维表,在Access中,一个关系存储为一个表,表名就是关系名。在二维表中,垂直方向的列称为属性,在Access中,属性用字段来表示,字段名即是属性名。域是属性的取值范围。

答案:A

19. 在关系运算中,选择运算的含义是_____。

    A. 在基本表中,选择满足条件的元组组成一个新的关系

    B. 在基本表中,选择需要的属性组成一个新的关系

    C. 在基本表中,选择满足条件的元组和属性组成一个新的关系

    D. 以上三种说法均是正确的

解析:从关系中找出满足给定条件的元组的操作称为选择。选择的条件以逻辑表达式给出,使逻辑表达式的值为真的元组将被选取。

答案:A

20. 在关系运算中,投影运算的含义是_____。

A. 在基本表中选择满足条件的记录组成一个新的关系

B. 在基本表中选择需要的字段(属性)组成一个新的关系

C. 在基本表中选择满足条件的记录和属性组成一个新的关系

D. 上述说法均是正确的

解析：从关系中指定若干属性组成新的关系称为投影。投影是从列的角度进行的运算,相当于对关系进行垂直分解。经过投影运算可以得到一个新的关系。

答案：B

21. 将两个关系拼接成一个新的关系,生成的新关系中包含满足条件的元组,这种操作称为_____。

A. 选择　　　　B. 投影　　　　C. 连接　　　　D. 并

解析：连接是关系的横向结合。连接运算将两个关系模式拼接成一个更宽的关系模式,生成的新关系中包含满足连接条件的元组。具有相同结构的表之间才能进行并运算,并运算的结果是把两个表中的元组合并组成新的集合。

答案：C

22. 数据库设计的根本目标是要解决_____。

A. 数据共享问题　　　　　　　　B. 数据安全问题

C. 大量数据存储问题　　　　　　D. 简化数据维护

解析：数据库设计的根本目的是要解决数据的共享问题。数据安全问题、大量数据存储问题和简化数据维护是数据库设计的重要方面。

答案：A

23. 表的组成内容包括_____。

A. 查询和字段　　　　　　　　B. 字段和记录

C. 记录和窗体　　　　　　　　D. 报表和字段

解析：在表中将数据以行和列的形式保存,表中的列称为字段,字段是 Access 信息的最基本载体,说明一条信息在某一方面的属性;表中的行称为记录,记录是由一个或多个字段组成的,一条记录就是一个完整的信息。

答案：B

24. 在下列关系运算中,不改变关系表中的属性个数但能减少元组个数的是_____。

A. 并　　　　B. 交　　　　C. 投影　　　　D. 笛卡儿乘积

解析：两个具有相同结构的关系 R 和 S,它们的交是由既属于 R 又属于 S 的元组组成的集合。因此它不改变关系表中属性的个数但是能减少元组的个数。

答案：B

25. 关系型数据库管理系统中所谓的关系是_____。

A. 各条记录中的数据彼此有一定的关系

B. 一个数据库文件与另一个数据库文件之间有一定的关系

C. 数据模型符合满足一定条件的二维表格式

D. 数据库中各个字段之间彼此有一定的关系

解析：一个关系就是一个二维表，每个关系有一个关系名。在 Access 中，一个数据库中包含相互之间存在联系的多个表。这个数据库文件就对应一个关系模型。因此在关系数据库中所谓的关系是指满足一定条件的二维表格式。

答案：C

二、填空题

1. 在数据库系统中，实现各种数据管理功能的核心软件称为_____。

解析：数据库管理系统是指位于用户与操作系统之间的数据管理软件。数据库管理系统是为数据库的建立、使用和维护而配置的软件，是实现数据管理功能的核心软件。

答案：数据库管理系统

2. 数据管理技术发展过程经过人工管理、文件系统和数据库系统三个阶段，其中数据独立性最高的阶段是_____。

解析：数据库系统是数据管理技术中数据独立性最高的阶段。

答案：数据库系统

3. 如果表中一个字段不是本表的主关键字，而是另外一个表的主关键字或候选关键字，这个字段称为_____。

解析：如果表中的一个字段不是本表的主关键字或候选关键字，而是另外一个表的主关键字或候选关键字，该字段(属性)称为外部关键字，简称外键。

答案：外部关键字

4. 一个关系表的行称为_____。

解析：在数据库的表中，数据以行和列的形式保存。行称为记录，列称为属性。

答案：记录

5. 在关系数据库中，把数据表示成二维表，每一个二维表称为_____。

解析：在关系数据中，一个关系就是一个二维表，每个关系有一个关系名。在 Access 中，一个关系存储为一个表，具有一个表名。

答案：关系

6. 在关系运算中，要从关系模式中指定若干属性组成新的关系，该关系运算称为_____。

解析：投影是指从关系模式中指定若干属性组成新的关系。

答案：投影

1.2　同步自测

一、选择题

1. 用二维表来表示实体及实体之间联系的数据模型是_____。

　A. 实体-联系模型　　　　　　　　B. 层次模型
　C. 网状模型　　　　　　　　　　D. 关系模型

2. 数据库 DB、数据库系统 DBS、数据库管理系统 DBMS 三者之间的关系是_____。

  A. DBS 包括 DB 和 DBMS   B. DBMS 包括 DB 和 DBS

  C. DB 包括 DBS 和 DBMS   D. DBS 就是 DB,也就是 DBS

 3. 在下列关于数据库系统的叙述中,正确的是_____。

  A. 数据库中只存在数据项之间的联系

  B. 数据库的数据项之间和记录之间都存在联系

  C. 数据库的数据项之间无联系,记录之间存在联系

  D. 数据库的数据项之间和记录之间都不存在联系

 4. 数据库系统的核心是_____。

  A. 数据库   B. 数据库管理员

  C. 数据库管理系统   D. 文件

 5. 为了合理地组织数据,应该遵从的设计原则是_____。

  A.“一事一地”的原则,即一个表描述一个实体或实体间的一种联系

  B. 表中的字段必须是原始数据和基本的数据元素,并避免在之间出现重复字段

  C. 用外部关键字保证有关联的表之间的联系

  D. 以上各条原则都包括

 6. 关系数据库的任何检索操作都是由三种基本运算组成的,下面选项中不是基本运算的是_____。

  A. 选择   B. 连接   C. 合并   D. 投影

 7. 关系数据库管理系统中的关系是指_____。

  A. 数据库与数据库之间的关系

  B. 数据库中各个字段之间的关系

  C. 各个记录中数据之间的关系

  D. 数据模型满足一定条件的二维表格式

 8. 从表中取出满足条件的列的操作是_____。

  A. 选择   B. 连接   C. 差   D. 投影

 9. 在数据库中能够唯一标识一个元组的属性或属性的组合称为_____。

  A. 记录   B. 字段   C. 域   D. 关键字

二、填空题

1. 数据模型不仅表示反映事物本身的数据,而且表示__(1)__。

2. 实体与实体之间的联系有三种,它们是__(2)__、__(3)__和__(4)__。

3. 数据库管理员的英文缩写__(5)__。

4. 自然连接指的是__(6)__。

5. 学生关系中的班级号属性与班级关系中的班级号属性相对应,则班级号是学生关系中的__(7)__。

6. 用二维表的形式来表示实体之间联系的数据模型叫作__(8)__。

7. 二维表中的列称为关系的__(9)__,二维表中的行称为关系的__(10)__。

8. 在关系数据库的基本操作中,从表中取出满足条件的元组操作称为__(11)__;把

两个关系中相同属性值的元组连接到一起形成新的二维表的操作称为___(12)___；从表中取出属性值满足条件列的操作称为___(13)___。

1.3　上 机 实 验

一、实验目的

(1) 掌握 E-R 图的绘制方法。

(2) 掌握由 E-R 图转换为关系模式的方法。

(3) 学会确认主键。

二、实验内容

某公司拟开发一多用户电子邮件客户端系统，部分功能的初步需求分析结果如下。

(1) 邮件客户端系统支持多个用户，用户信息主要包括用户名和用户密码，且系统中的用户名不可重复。

(2) 邮件账号信息包括邮件地址及其相应的密码，一个用户可以拥有多个邮件地址（如 userl@123.com）。

(3) 一个用户可拥有一个地址簿，地址簿信息包括联系人编号、姓名、电话、单位地址、邮件地址1、邮件地址2、邮件地址3等信息。地址簿中一个联系人只能属于一个用户，且联系人编号唯一标识一个联系人。

(4) 一个邮件账号可以含有多封邮件，一封邮件可以含有多个附件。邮件主要包括邮件号、发件人地址、收件人地址、邮件状态、邮件主题、邮件内容、发送时间、接收时间。其中，邮件号在整个系统内唯一标识一封邮件，邮件状态有已接收、待发送、已发送和已删除4种，分别表示邮件是属于收件箱、发件箱、已发送箱和废件箱。一封邮件可以发送给多个用户。附件信息主要包括附件号、附件文件名、附件大小。一个附件只属于一封邮件，附件号仅在一封邮件内唯一。

根据上述语义要求：

(1) 画出 E-R 图；

(2) 将 E-R 图转换为关系模式，并指出每个关系模式的主键和外键。

三、实验步骤

(1) 绘制的 E-R 图如图 1.1 所示。

(2) 该邮件客户端系统的主要关系模式如下。

用户(用户名,用户密码)

地址簿(用户名,联系人编号,姓名,电话,单位地址,邮件地址1,邮件地址2,邮件地址3)

邮件账号(邮件地址,邮件密码,用户名)

邮件(邮件号,发件人地址,收件人地址,邮件状态,邮件主题,邮件内容,发送时间,接收时间)

附件(邮件号,附件号,附件文件名,附件大小)

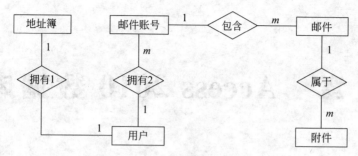

图 1.1　电子邮件客户端系统 E-R 图

（3）确定主键和外键（如表 1.1 所示）。

表 1.1　主键和外键

关系模式	主键	外键
用户	用户名	—
地址簿	联系人编号	用户名
邮件账号	邮件地址	用户名
邮件	邮件号	发件人地址或收件人地址
附件	邮件号和附件号	邮件号

第 2 章　　Access 2010 数据库

2.1　经典题解

选择题

1. 在以下叙述中,正确的是_____。

　　A. Access 只能使用系统菜单创建数据库应用系统

　　B. Access 不具备程序设计能力

　　C. Access 只具备模块化程序设计能力

　　D. Access 具有面向对象的程序设计能力,并能创建复杂的数据库应用系统

解析:Access 内嵌的 VBA 编程语言,功能强大,采用目前主流的面向对象机制和可视化编程环境。

答案:D

2. 不属于 Access 对象的是_____。

　　A. 表　　　　　　　　B. 文件夹　　　　　　　　C. 窗体　　　　　　　　D. 查询

解析:Access 数据库由数据库对象和组两部分组成。对象又分为 6 种,包括表、查询、窗体、报表、宏、模块。

答案:B

3. Access 数据库具有很多特点,下列叙述中,不是 Access 特点的是_____。

　　A. Access 数据库可以保存多种数据类型,包括多媒体数据

　　B. Access 可以通过编写应用程序来操作数据库中的数据

　　C. Access 可以支持 Internet/Intranet 应用

　　D. Access 作为网状数据库模型支持客户机及服务器应用系统

解析:Access 数据库的主要特点包括处理多种数据类型;采用 OLE 技术,可以方便地创建和编辑多媒体数据库;与 Internet/Intranet 的集成;具有较好的开发功能,可以采用 VBA 编写数据库应用程序等。而从数据库模型来说,Access 属于关系数据库模型。

答案:D

2.2　同步自测

一、选择题

1. Access 的数据库类型是＿＿＿＿。
　　A. 层次数据库　　　　　　　　B. 网状数据库
　　C. 关系数据库　　　　　　　　D. 面向对象的数据库

2. 退出 Access 数据库管理系统可以使用的快捷键是＿＿＿＿。
　　A. Alt＋F＋X　　　　　B. Alt＋X　　　C. Ctrl＋C　　　　　D. Ctrl＋O

二、填空题

1. Access 数据库由 6 种数据库对象组成,这些数据库对象包括＿(1)＿、＿(2)＿、
＿(3)＿、＿(4)＿、＿(5)＿、＿(6)＿。

2. Access 数据库的文件扩展名是＿(7)＿。

2.3　上机实验

实验 1　创建空数据库

一、实验目的

1. 掌握数据库的创建方法和步骤。

2. 进一步了解 Access 的操作。

二、实验内容

创建一个空的数据库,保存为 samp1. accdb,如图 2.1 所示。

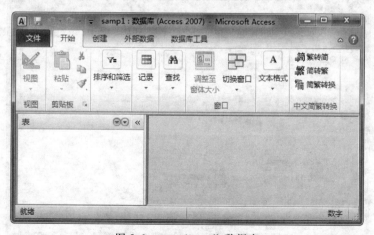

图 2.1　samp1. accdb 数据库

三、实验步骤

（1）选择"开始"→"所有程序"→Microsoft Office→Microsoft Access 2010 命令，打开 Access 2010，在可用模板下选择"空数据库"，如图 2.2 所示。

图 2.2　Access 2010 启动界面

（2）在右侧的"文件名"文本框中输入 Samp1，单击右侧的"浏览"按钮，打开"文件新建数据库"对话框，如图 2.3 所示。

图 2.3　"文件新建数据库"对话框

（3）选择要保存的位置和保存类型，单击"确定"按钮，返回 Access 2010 启动界面；单击"创建"按钮，即可创建一个名为 samp1 的空数据库。

实验 2　使用模板创建数据库

一、实验目的

掌握使用模板创建数据库的方法和步骤。

二、实验内容

通过模板创建名为"新城营销项目.accdb"的数据库，并保存在 D 盘中。要求使用"营销项目"模板。

三、实验步骤

（1）单击"文件"标签，在打开的选项卡中单击"新建"按钮，在中间窗格的"可用模板"中单击"样本模板"，如图 2.4 所示。

图 2.4　选择"样本模板"

（2）从样本模板中选择"营销项目"，如图 2.5 所示。在右侧窗格中将文件名改为"新城营销项目.accdb"，单击"浏览"按钮，选择路径为"D:\"。

（3）单击"创建"按钮，即可创建一个新的数据库。

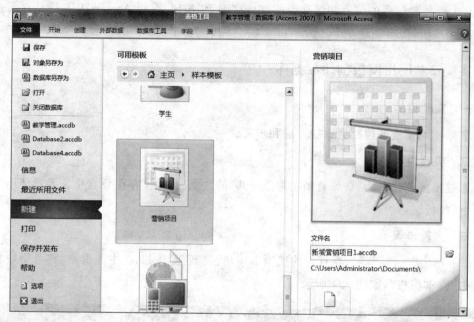

图 2.5   选择"营销项目"

第 3 章 表

3.1 经典题解

一、选择题

1. 在数据表视图中,不能_____。

　　A. 修改字段的类型　　　　　　　　B. 修改字段的名称

　　C. 删除一个字段　　　　　　　　　D. 删除一条记录

解析:在"数据表"视图中可以进行字段的编辑、添加、删除,记录的删除和数据查找等操作,但使用"数据表"视图建立的表结构,只说明了表中的字段名,却没有说明每个字段的数据类型和属性值,也无法修改。

答案:A

2. 数据类型是_____。

　　A. 字段的另一种说法

　　B. 决定字段能包含哪类数据的设置

　　C. 一类数据库应用程序

　　D. 一类用来描述 Access 表向导允许从中选择的字段名称

解析:Access 常用的数据类型有:文本、备注、数字、日期/时间、货币、自动编号、是/否、OLE 对象、超级链接、查阅向导等,不同的数据类型决定了字段能包含哪类数据。

答案:B

3. 在关于输入掩码的叙述中,错误的是_____。

　　A. 在定义字段的输入掩码时,既可以使用输入掩码向导,也可以直接使用字符

　　B. 定义字段的输入掩码,是为了设置密码

　　C. 输入掩码中的字符 0 表示可以选择输入数字 0~9 之间的一个数

　　D. 直接使用字符定义输入掩码时,可以根据需要将字符组合起来

解析:定义输入掩码是为了使输入的格式标准保持一致或检查输入时的错误,故选项 B 的说法是错误的。

答案:B

4. 下面的说法中,错误的是_____。

   A. 文本型字段,最长为 255 个字符

   B. 要得到一个计算字段的结果,仅能运用总计查询来完成

   C. 在创建一对一关系时,要求两个表的相关字段都是主关键字

   D. 创建表之间的关系时,正确的操作是关闭所有打开的表

解析:在 Access 查询中,可以执行许多类型的计算。可以预定义计算,也可以由用户自定义计算。预定义计算即所谓的"总计"计算,是系统提供的用于对查询中的记录组或全部记录进行的计算,包括总和、平均值、计数、最大值、最小值、标准偏差或方差等。用户自定义计算可以用一个或多个字段的值进行数值、日期和文本计算。

答案:B

5. Access 提供的数据类型中不包括_____。

   A. 备注   B. 文字   C. 货币   D. 日期/时间

解析:Access 常用的数据类型有:文本、备注、数字、日期/时间、货币、自动编号、是/否、OLE 对象、超链接、计算、查阅向导等。文字不是 Access 的数据类型。

答案:B

6. 在已经建立的数据表中,若在显示表中内容时使某些字段不会移动显示位置,可以使用的方法是_____。

   A. 排序   B. 筛选   C. 隐藏   D. 冻结

解析:在"数据表"视图中,冻结某字段列或某几个字段列后,无论用户怎样水平滚动窗口,这些字段总是可见的,并且总是显示在窗口的最左边。

答案:D

7. 下面关于 Access 表的叙述中,错误的是_____。

   A. 在 Access 表中,可以对备注型字段进行"格式"属性设置

   B. 若删除表中含有自动编号型字段的一条记录后,Access 不会对表中自动编号型字段重新编号

   C. 创建表之间的关系时,应关闭所有打开的表

   D. 可在 Access 表的设计视图"说明"列中,对字段进行具体的说明

解析:在定义表之间的关系之前,应把要定义关系的所有表关闭,而不是关闭所有打开的表。

答案:C

8. 在 Access 表中,可以定义三种主关键字,它们是_____。

   A. 单字段、双字段和多字段   B. 单字段、双字段和自动编号

   C. 单字段、多字段和自动编号   D. 双字段、多字段和自动编号

解析:为了使保存在不同表中的数据产生联系,Access 数据库中的每个表必须有一个或一组字段能唯一标识每条记录,这个字段就是主关键字。主关键字可以是一个字段,也可以是一组字段。为确保主关键字段值的唯一性,Access 不允许在主关键字字段中存入重复值和空值。自动编号字段是在每次向表中添加新记录时,Access 自动插入的唯一顺序号。数据表若未设置其他主关键字,在保存表时会提示创建主键,单击"是"按钮,

Access 会为新建的表创建一个"自动编号"字段作为主关键字。

答案：C

9. 以下关于空值的叙述中，错误的是_____。

    A. 空值表示字段还没有确定值   B. Access 使用 NULL 来表示空值

    C. 空值等同于空字符串   D. 空值不等于数值 0

解析：在 Access 表中，如果某个记录的某个字段尚未存储数据，则称记录的这个字段的值为空值。空值与空字符串的含义有所不同，空值是缺值或还没有值，字段中允许使用 NULL 值来说明一个字段里的信息目前还无法得到；空字符串是用双引号括起来的空字符串即（""），且双引号中间没有空格，是长度为 0 的字符串。

答案：C

10～11 题使用以下建立的 tEmployee 表，表结构及表内容如表 3.1 和表 3.2 所示。

表 3.1　tEmployee 表结构

字段名称	字段类型	字段大小
雇员 ID	文本	10
姓名	文本	10
性别	文本	1
出生日期	日期/时间	
职务	文本	14
简历	备注	
联系电话	文本	8

表 3.2　tEmployee 表内容

雇员 ID	姓名	性别	出生日期	职务	简　历	联系电话
1	王宁	女	1960-1-1	经理	1984 年大学毕业,曾是销售员	35976450
2	李清	男	1962-7-1	职员	1986 年大学毕业,现为销售员	35976451
3	王创	男	1970-1-1	职员	1993 年专科毕业,现为销售员	35976452
4	郑炎	女	1978-6-1	职员	1999 年大学毕业,现为销售员	35976453
5	魏小红	女	1934-11-1	职员	1956 年专科毕业,现为管理员	35976454

10. 在 tEmployee 表中，"姓名"字段的字段大小为 10，在此列输入数据时，最多可输入的汉字数和英文字符数分别是_____。

    A. 5　　5　　　　　　B. 5　　10　　　　　C. 10　　10　　　　　　D. 10　　20

解析：文本数字类型所使用的对象是文本或文本与数字的组合。Access 默认文本型字段大小是 50 个字符，字段大小为 10 的字段中，可以输入 10 个汉字或 10 个英文字符。

答案：C

11. 在 tEmployee 表中，若要确保输入的联系电话值只能为 8 位数字，应将该字段的输入掩码设置为_____。

    A. 00000000   B. 99999999

    C. ########   D. ????????

解析：输入掩码中所使用字符的含义如下。0：必须输入 0~9 之间的数字；9：可以选择输入数据或空格；#：可以选择输入数据或空格（在"编辑"模式下空格以空白显示，但是在保存数据时将空白删除，允许输入加号和减号）；?：可以选择输入 A~Z 之间的字母。

答案：A

12. 使用表设计器定义表中字段时，不是必须设置的内容是_____。

    A. 字段名称   B. 数据类型   C. 说明   D. 字段属性

解析：表的"设计"视图分为上下两部分：上部分是表的设计器，下部分是字段属性区。在表设计器中，从左至右分别为字段选定器、字段名称列、数据类型、列和说明列。说明信息不是必需的，但它能增加数据的可读性。

答案：C

13. 邮政编码是由 6 位数字组成的字符串，为邮政编码设置输入掩码，正确的是_____。

    A. 000000   B. 999999   C. CCCCCC   D. LLLLLL

解析：在输入数据时，如果希望输入的格式标准保持一致，或希望检查输入时的错误，可以设置输入掩码。输入掩码属性所使用字符的含义如下。

0，必须输入数字（0~9）。

9，可以选择输入数据或空格。

C，可以选择输入任意一个字符或一个空格。

L，必须输入字母（A~Z）。

答案：A

14. 如果字段内容为声音文件，则该字段的数据类型应定义为_____。

    A. 文本   B. 备注   C. 超级链接   D. OLE 对象

解析：Access 常用的数据类型有：文本、备注、数字、日期/时间、货币、自动编号、是/否、OLE 对象、超级链接、查阅向导等，不同的数据类型决定了字段能包含哪类数据。OLE 对象主要用于将某个对象（如 Word 文档、Excel 电子表格、图表、声音以及其他二进制数据等）链接嵌入到 Access 数据库的表中。

答案：D

15. 要求主表中没有相关记录时就不能将记录添加到相关表中，则应该在表关系中设置_____。

    A. 参照完整性   B. 有效性规则

    C. 输入掩码   D. 级联更新相关字段

解析：参照完整性是在输入或者删除记录时，为维持表之间已定义的关系而必须遵守的规则。如果实施了参照完整性，那么当主表中没有相关记录时，就不能将记录添加到相关表中，也不能在相关表中存在匹配的记录时删除主表中的记录，更不能在相关表中有相关记录时,更改主表中的主关键字值。

答案:A

16. 在 Access 数据库的表设计视图中,不能进行的操作是_____。

    A. 修改字段类型   B. 设置索引   C. 增加字段   D. 删除记录

解析:在 Access 数据库的表的设计视图中,只能对字段进行相应的操作,不能对记录进行操作,因此,可进行的操作是修改字段类型、设置索引、增加字段。

答案:D

17. Access 数据库中,为了保持表之间的关系,要求在子表(从表)中添加记录时,如果主表中没有与之相关的记录,则不能在子表(从表)中添加该记录。为此需要定义的关系是_____。

    A. 输入掩码   B. 有效性规则

    C. 默认值   D. 参照完整性

解析:如果实施了参照完整性,那么当主表中没有相关记录时,就不能将记录添加到相关表中,也不能在相关表中存在匹配的记录时删除主表中的记录,更不能在相关表中有相应记录时,更改主表中的主关键字。

答案:D

18. 有关字段属性下列叙述错误的是_____。

    A. 字段大小可以用于设置文本、数字或自动编号等类型字段的最大容量

    B. 可对任意类型的字段设置默认值属性

    C. 有效性规则属性是用于限制此字段输入值的表达式

    D. 不同的字段类型,其字段属性有所不同

解析:通过"字段大小"属性,可以控制字段的使用空间大小,因此 A 正确;在一个数据库中,只能对一些数据内容相同或含有相同部分的字段进行设置默认值,因此 B 错误;利用"有效性规则"可以防止非法数据输入到表中,因此 C 正确;不同的字段类型,其字段属性有所不同,因此 D 正确。

答案:B

19. 以下关于货币数据类型的叙述,错误的是_____。

    A. 向货币字段输入数据时,系统自动将其设置为 4 位小数

    B. 可以和数值型数据混合计算,结果为货币型

    C. 字段长度为 8 字节

    D. 向货币字段输入数据时,不必输入美元符号和千位分隔符

解析:货币数据类型是数字数据类型的特殊形式,等价于具有双精度属性的数字数据类型。向货币字段输入数据时,不必输入美元符号和千位分隔符,Access 会自动显示这些符号,并添加两位小数到货币字段中,因此 A 的说法不准确。

答案:A

二、填空题

1. 在数据表视图下向表中输入数据,在未输入数值之前,系统自动提供的数值字段的属性是_____。

解析：使用"数据表"视图建立的表结构中所有字段的数据类型都为"文本"型。

答案：文本数据类型

2. 如果表中一个字段不是本表的主关键字,而是另外一个表的主关键字或候选关键字,这个字段称为_____。

解析：如果表中的一个字段不是本表的主关键字或候选关键字,而是另外一个表的主关键字或候选关键字,该字段(属性)称为外部关键字,简称外键。

答案：外部关键字

3. 在向数据表输入数据时,若要求所要输入的字符必须是字母,则要设置的输入掩码是_____。

解析：在向数据表输入数据时,L 表示必须输入字母(A～Z)。

答案：L

4. 在 Access 中数据类型主要包括：自动编号、_____、备注、_____、日期/时间、_____、_____、OLE 对象、_____和查阅向导等。

解析：在 Access 中数据类型主要包括：自动编号、文本、备注、数字、日期/时间、货币、是/否、OLE 对象、超级链接和查阅向导等。

答案：文本 数字 货币 是/否 超级链接

5. 参照完整性是一个_____系统,Access 使用这个系统用来确保相关表中记录之间_____的有效性,并且不会因为意外而删除或更改相关数据。

解析：参照完整性是一个条件系统,Access 使用这个系统用来确保相关表中记录之间关系的有效性,并且不会因为意外而删除或更改相关数据。

答案：条件 关系

3.2　同 步 自 测

一、选择题

1. Access 表中字段的数据类型不包括_____。

    A. 文本   B. 备注   C. 通用   D. 日期/时间

2. 必须输入 0～9 数字的输入掩码是_____。

    A. 0   B. &   C. A   D. C

3. 必须输入任一字符或空格的输入掩码是_____。

    A. 0   B. &   C. A   D. C

4. 下列关于冻结列的叙述中,错误的是_____。

    A. 冻结列即将记录中标志性的字段或常用的几个字段冻结到数据表的左端

    B. 无论数据表如何水平滚动,冻结的列都不会从窗口中消失

    C. 冻结列之后,还可以使用同样的方法继续冻结其他未冻结的列

D. 用户可以改变已冻结列的顺序

二、填空题

1. Access 数据库中,表与表之间的关系分为 ___(1)___ 、___(2)___ 和 ___(3)___ 。

2. 能够唯一标识表中每条记录的字段为 ___(4)___ 。

3. Access 提供了两种字段数据类型保存文本或数字组合的数据,这两种数据类型是 ___(5)___ 和 ___(6)___ 。

3.3 上机实验

实验 1 建立表

一、实验目的

(1) 掌握表的创建方法。

(2) 掌握表的修改方法,熟悉表中各个属性的设置。

(3) 掌握表记录的录入方法。

二、实验内容

根据刚刚创建的数据库 samp1.accdb,按以下操作要求完成表的建立和修改。

(1) 创建一个名为"tEmployee"的新表,其结构如表 3.3 所示。

表 3.3 tEmployee 表结构

字段名称	数据类型	字段大小	格式
职工 ID	文本	5	
姓名	文本	10	
职称	文本	6	
聘任日期	日期/时间		常规日期

(2) 判断并设置表 tEmployee 的主关键字。

(3) 在"聘任日期"字段后添加"借书证号"字段,字段的数据类型为文本,字段大小为 10,有效性规则为:不能是空值。

(4) 将 tEmployee 表中的"职称"字段的"默认值"属性设置为"副教授"。

(5) 设置"职工 ID"字段的输入掩码为只能输入 5 位数字形式。

(6) 向 tEmployee 表中填入如表 3.4 所示的内容("借书证号"字段可输入任意非空内容)。

表 3.4 tEmployee 表

职工 ID	姓名	职称	聘任日期
00001	112	副教授	1995/11/1
00002	113	教授	1995/12/12
00003	114	讲师	1998/10/10
00004	115	副教授	1992/8/11
00005	116	副教授	1996/9/11
00006	117	教授	1998/10/28

三、实验步骤

（1）【操作步骤】

步骤1：打开数据库 samp1.accdb，在"创建"选项卡的"表格"组中单击"表"按钮，新建一个空白表，并进入该表的"数据表视图"，如图 3.1 所示。

图 3.1 创建空白表

步骤2：在快速访问工具栏中单击"保存"按钮，将表1保存为 tEmployee，如图 3.2 所示。

步骤3：右击 tEmployee 表的标签，在弹出的快捷菜单中选择"设计视图"命令，将 tEmployee 表以设计视图的方式显示。可以发现，ID字段默认为关键字。

图 3.2 创建 tEmployee 表

步骤4：将字段 ID 的名称改为"职工 ID"，在"数据类型"下拉列表中选择"文本"，在窗口下方的"字段属性"区域的"字段大小"文本框中输入"5"。

步骤5：按 ↓ 方向键，将光标移至第二行，根据表3.4的要求，按步骤4输入"职工 ID"、"姓名"、"职称"和"聘任日期"字段，并设置其数据类型、字段大小和格式，结果如图 3.3 所示。

（2）【操作步骤】

职工的 ID 是唯一的，可以作为 tEmployee 表的关键字。由（1）的步骤3可知，职工

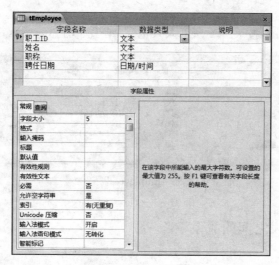

图 3.3　设置字段属性

ID 已经被设置为关键字。

（3）【操作步骤】

在"聘任日期"字段下方输入"借书证号"，数据类型选择"文本"；在"字段属性"区域的"字段大小"文本框中输入 10，在"有效性规则"文本框中输入 Is Not Null，如图 3.4 所示。

图 3.4　设置有效性规则

（4）【操作步骤】

选择"职称"字段，在"字段属性"区域的"默认值"文本框中输入"副教授"。

（5）【操作步骤】

选择"职工 ID"字段，在"字段属性"区域的"输入掩码"文本框中输入 00000，保存设置。

（6）【操作步骤】

切换到数据表视图，按表3.4所示录入记录，结果如图3.5所示。

职工ID	姓名	职称	聘任日期	借书证号	单击以添加
00001	112	副教授	1995/11/1	041	
00002	113	教授	1995/12/12	036	
00003	114	讲师	1998/10/10	122	
00004	115	副教授	1992/8/11	002	
00005	116	副教授	1996/9/11	087	
00006	117	教授	1998/10/28	135	
*		副教授			

图3.5　tEmployee表记录

实验2　建立表之间的关系

一、实验目的

（1）了解表之间的三种关系类型：一对一、一对多和多对多。

（2）掌握表之间关系的建立方法。

（3）实施两张表之间的参照完整性。

二、实验内容

在samp2.accdb数据库中，已经设计好4张表"产品"、"订单"、"供应商"和"雇员"，要求建立这4张表之间的关系，并实施参照完整性。

三、实验步骤

步骤1：打开数据库samp2.accdb，在"数据库工具"选项卡的"关系"组中单击"关系"按钮，打开"显示表"对话框，如图3.6所示。

步骤2：分别双击"供应商"、"产品"、"订单"和"雇员"，将这4个表添加到"关系"窗口中，然后单击"关闭"按钮，结果如图3.7所示。

步骤3：在"供应商"表中拖动"供应商ID"字段到"产品"表的"供应商ID"字段上，打开"编辑关系"对话框，如图3.8所示。单击"创建"按钮，建立两个表之间的关系。

步骤4：在"产品"表中拖动"产品ID"字段到"订单"表的"产品ID"字段上，打开"编辑关系"对话框，勾选"实施参照完整性"复选框，单击"创建"按钮，建立两个表之间的一对多关系，如图3.9所示。

图3.6　"显示表"对话框

步骤5：参照步骤4建立"雇员"表与"订单"表之间的关系，并实施参照完整性，结果如图3.10所示。

图 3.7 "关系"窗口

图 3.8 "编辑关系"对话框

图 3.9 实施参照完整性

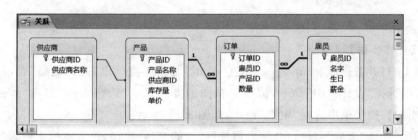

图 3.10 创建好的关系

实验 3 编辑表

一、实验目的

(1) 掌握修改表结构的方法。

(2) 掌握导入和导出数据的方法。

二、实验内容

在素材文件夹下有一个 Excel 文件 Test. xlsx 和一个数据库文件 samp3. accdb。samp3. accdb 数据库文件中已建立三个表对象(名为"线路"、"游客"和"团体")。请按以下要求完成表的各种操作。

(1) 将"线路"表中的"线路 ID"字段设置为主键;设置"天数"字段的有效性规则属性,有效性规则为:不能是负数或零。

(2) 将"游客"表中的"年龄"字段删除;再添加 4 个字段:字段名分别为"证件编号"、

"证件类别"、"照片"和"管理码"。"证件编号"的数据类型为"文本",字段大小为20;使用查阅向导建立"证件类别"字段的数据类型,向该字段输入的值为"身份证"、"军官证"或"护照"等固定常数;"照片"的数据类型为"OLE对象",可导入图像;"管理码"的数据类型为"数字",设置"管理码"字段的输入掩码,将输入的数字显示为6位星号(密码)。

(3)将"游客"表中的"姓名"字段设置为"必需"字段,并设置为有重复索引。设置"电话"字段的输入掩码,要求前4位为"025-",后8位为数字。

(4)在"游客"表中输入一条记录(注意,游客李丽的"照片"字段数据设置为素材文件夹下的"李丽.bmp"图像文件),如表3.5所示。

表 3.5 游客记录

游客 ID	姓名	性别	电话	团队 ID	证件类别	证件编号	照片	管理码
92016	李丽	女	025-00100101	02	军官证	32012568	位图图像	620172

(5)将素材文件夹下 test.xlsx 文件中的数据链接到当前数据库中。要求:数据中的第一行作为字段名,链接表对象命名为 tTest。

(6)将"线路"表的数据导出到素材文件夹下,以文本文件的形式保存,命名为"line.txt"。

三、实验步骤

(1)【操作步骤】

步骤1:打开数据库 samp3.accdb,在 samp3 数据库窗口中右击"线路"表,在弹出的快捷菜单中选择"设计视图"命令,以设计视图的方式显示"线路表"。右击"线路 ID"字段,在弹出的快捷菜单中选择"主键"命令,如图3.11所示。

步骤2:选择"天数"字段,在"字段属性"区域的"有效性规则"文本框中输入">0",保存设置。

(2)【操作步骤】

步骤1:以设计视图方式打开"游客"表,右击"年龄"字段,在弹出的快捷菜单中选择"删除行"命令,如图3.12所示。

图 3.11　设置主键

图 3.12　删除字段

步骤2：添加"证件类别"字段，在"数据类型"下拉列表中选择"查阅向导…"命令，弹出"查阅向导"对话框，如图3.13所示。

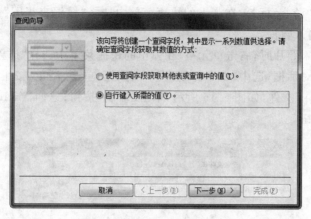

图3.13 "查阅向导"对话框

步骤3：选中"自行键入所需的值"单选按钮，单击"下一步"按钮，在弹出的对话框的第一行输入"身份证"，第二行输入"军官证"，第三行输入"护照"，如图3.14所示，单击"下一步"按钮；最后单击"完成"按钮。

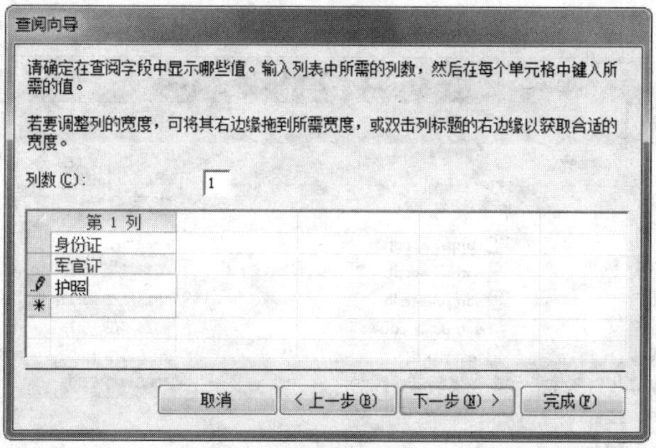

图3.14 "查阅向导"输入值的对话框

步骤4：添加"证件编号"字段，在"数据类型"下拉列表中选择"文本"，在"字段属性"区域的"字段大小"文本框中输入"20"。

步骤5：添加"照片"字段，在"数据类型"下拉列表中选择"OLE对象"。

步骤6：添加"管理码"字段，在"数据类型"下拉列表中选择"数字"，在"字段属性"区域的"输入掩码"文本框中输入"密码"。

（3）【操作步骤】

步骤1：以设计视图的方式打开"游客"表，选中"姓名"字段，在"字段属性"区域的"必需"下拉列表中选择"是"，在"索引"下拉列表中选择"有（有重复）"。

步骤2：选中"电话"字段，在"字段属性"区域的"输入掩码"文本框中输入""025-"

00000000"。

（4）【操作步骤】

步骤1：右击"游客"标签，在弹出的快捷菜单中选择"数据表视图"命令，在数据表中按照表3.5所示输入数据。

步骤2：在输入照片时，右击单元格，在弹出的快捷菜单中选择"插入对象"命令，弹出如图3.15所示的对话框；选中"由文件创建"单选按钮，单击"浏览"按钮，弹出"浏览"对话框，找到"李丽.bmp"文件，如图3.16所示，单击"确定"按钮；返回 Microsoft Access 对话框，单击"确定"按钮。

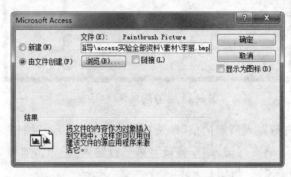

图 3.15　Microsoft Access 对话框

图 3.16　"浏览"对话框

输入的记录结果如图3.17所示。

（5）【操作步骤】

步骤1：在"外部数据"选项卡的"导入并链接"组中单击 Excel 按钮，弹出"获取外部

图 3.17　输入的记录

数据-Excel 电子表格"对话框，如图 3.18 所示。

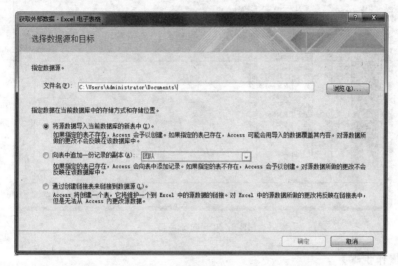

图 3.18　"获取外部数据-Excel 电子表格"对话框

步骤 2：单击"浏览"按钮，找到素材文件夹下的 test.xlsx 文件，单击"打开"按钮，返回到"获取外部数据-Excel 电子表格"对话框。单击"确定"按钮，弹出"导入数据表向导"对话框，如图 3.19 所示。

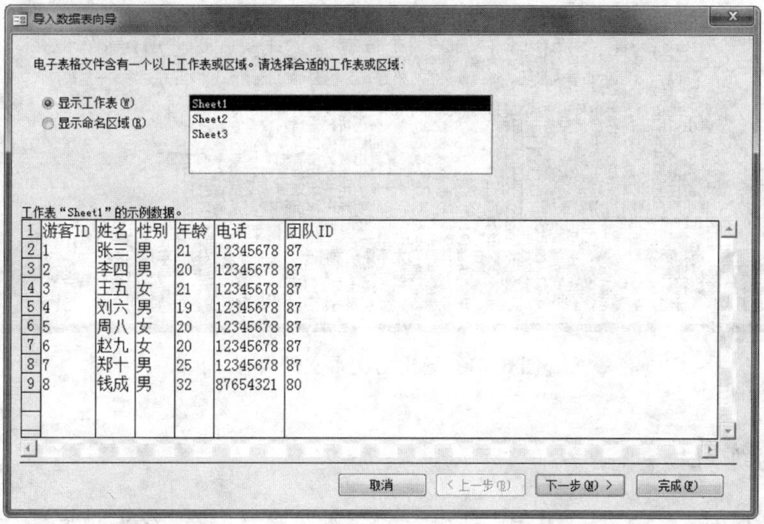

图 3.19　"导入数据表向导"对话框

步骤 3：单击"下一步"按钮，在弹出的对话框中勾选"第一行包含列标题"复选框；单击"下一步"按钮，为字段设置数据类型，这里使用默认值；单击"下一步"按钮，为新表定义主键，这里选中"我自己选择主键"单选按钮，同时选择"游客 ID"作为主键，如图 3.20 所示；单击"下一步"按钮，在"导入到表"文本框中输入 tTest，最后单击"完成"按钮。

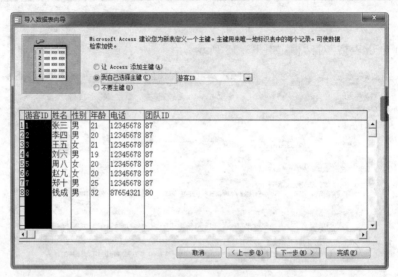

图 3.20   选择主键

（6）【操作步骤】

选中"线路"表，在"外部数据"选项卡的"导出"组中单击"文本文件"按钮，弹出"导出-文本文件"对话框，单击"浏览"按钮，选中保存位置，命名为 line，单击"确定"按钮。按提示操作，导出的文件内容如图 3.21 所示。

图 3.21   导出的文本文件内容

思考与练习

1. 在数据库 samp10.accdb 中，已建立了三个关联表对象（名为"职工表"、"物品表"和"销售业绩表"）、一个表对象（名为 tTemp）和一个宏对象（名为"mTest"）。请按以下要求完成表和宏的各种操作。

(1) 建立 tCourse 表,表结构如表 3.6 所示。

表 3.6　tCourse 表结构

字段名称	数据类型	字段大小	格式
课程编号	文本	8	
课程名称	文本	20	
学时	数字	整型	
学分	数字	单精度型	
开课日期	日期/时间		短日期

(2) 设置表的有效性规则和有效性文本。有效性规则为:"学时"字段的值必须与"学分"字段的值相等;有效性文本为"学时必须与学分相同"。

(3) 设置"开课日期"字段的输入掩码为"短日期",默认值为本年度的 9 月 1 日(规定:本年度年号必须由函数获取)。

(4) 重命名表对象"物品表"中"研制时间"字段为"研制日期"字段,并将其"短日期"显示格式改为"长日期"显示,并在数据表视图中冻结该字段。

(5) 将素材文件夹下的文本文件 Test.txt 中的数据导入追加到当前数据库的数据表 tTemp 中。

(6) 建立表对象"职工表"、"物品表"和"销售业绩表"的表间关系,并实施参照完整性。

2. 在素材文件夹中有一个数据库文件 samp11.accdb。请按以下操作要求完成表的建立和修改。

(1) 建立表 tBook,表结构如表 3.7 所示。

表 3.7　tBook 表结构

字段名称	数据类型	字段大小	格式
编号	文本	8	
教材名称	文本	30	
单价	数字	单精度型	小数位数 2 位
库存数量	数字	整型	
入库时间	日期/时间		短日期
需要重印否	是/否		是/否
简介	备注		

(2) 判断并设置 tBook 表的主键。

(3) 设置"入库日期"字段的默认值为系统当前日期的前一天的日期。

(4) 在 tBook 表中输入以下如表 3.8 所示的两条记录。

表 3.8   tBook 表数据

编号	教材名称	单价	库存数量	入库时间	需要重印否	简介
A200401	VB 入门	37.50	20	2010-5-1	√	考试用书
B200402	英语六级强化	20.00	500	2011-5-16	√	辅导用书

注："单价"为两位小数显示。

（5）设置"编号"字段的输入掩码为只能输入 8 位数字或字母形式。

（6）在"数据表视图"中将"简介"字段隐藏起来。

第4章 查 询

4.1 经典题解

一、选择题

1. 将表 A 的记录复制到表 B 中,且不删除表 B 中的记录,可以使用的查询是_____。

    A. 删除查询   B. 生成表查询

    C. 追加查询   D. 交叉表查询

    解析:删除查询是用于删除表中同一类的一组记录。生成表查询是从多个表中提取数据组合起来生成一个新表永久保存。追加查询是将某个表中符合一定条件的记录添加到另一个表上。交叉表查询是将来源于某个表中的字段进行分组,一组列在数据表的左侧,一组列在数据表的上部,然后在数据表行与列交叉处显示表中某个字段的各种计算值。故要将表 A 的记录复制到表 B 中,且不删除表 B 中的记录,可以使用追加查询。

    答案:C

2. 在 Access 的数据库中建立了 tBook 表,若查找"图书编号"是 112266 和 113388 的记录,应在查询设计视图的条件行中输入_____。

    A. "112266" and "113388"   B. not in ("112266","113388")

    C. in ("112266","113388")   D. not ("112266" and "113388")

    解析:在查询条件中,特殊运算符 in 是用于指定一个字段值的列表。列表中的任意一个值都可与查询的字段相匹配。本题的查询条件可以写成 in ("112266","113388"),或者写成"112266"or"113388"。

    答案:C

3. 下面显示的是查询设计视图的设计网格部分,从如图 4.1 所示的内容中,可以判断出要创建的查询是_____。

    A. 删除查询   B. 追加查询

    C. 生成表查询   D. 更新查询

    解析:选择追加查询以后,"设计网格"中会显示一个"追加到"行,本题的图中有这一行,故应该是追加查询。

    答案:B

图 4.1 选择题 3 图

4～6 题使用以下建立的 tEmployee 表,表结构和表内容如表 4.1 和表 4.2 所示。

表 4.1 tEmployee 表结构

字段名称	字段类型	字段大小
雇员 ID	文本	10
姓名	文本	10
性别	文本	1
出生日期	日期/时间	
职务	文本	14
简历	备注	
联系电话	文本	8

表 4.2 tEmployee 表内容

雇员 ID	姓名	性别	出生日期	职务	简 历	联系电话
1	王宁	女	1960-1-1	经理	1984 年大学毕业,曾是销售员	35976450
2	李清	男	1962-7-1	职员	1986 年大学毕业,现为销售员	35976451
3	王创	男	1970-1-1	职员	1993 年专科毕业,现为销售员	35976452
4	郑炎	女	1978-6-1	职员	1999 年大学毕业,现为销售员	35976453
5	魏小红	女	1934-11-1	职员	1956 年专科毕业,现为管理员	35976454

4. 若在 tEmployee 表中查找所有姓"王"的记录,可以在查询设计视图的条件行中输入_____。

    A. Like "王"   B. Like "王＊"   C. ="王"   D. ="王＊"

解析:用"＊"表示该位置可匹配零或多个字符。在 tEmployee 表中查找所有姓"王"的记录,对应"姓名"字段的正确条件表达式是:Like "王＊"。

答案:B

5. 若以 tEmployee 表为数据源,图 4.2 显示的是查询设计视图,从设计视图所示的内容中判断此查询将显示_____。

    A. 出生日期字段值   B. 所有字段值

    C. 除出生日期以外的所有字段值   D. 雇员 ID 字段值

解析:在查询字段中使用＊,表示查询所有字段的值。

答案：B

6. 若以 tEmployee 表为数据源，计算每个职工的年龄（取整），并显示如图 4.3 所示的结果，那么正确的设计是_____。

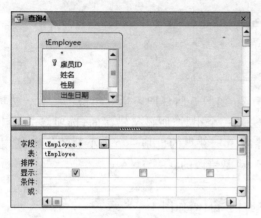

图 4.2 选择题 5 图   图 4.3 选择题 6 图

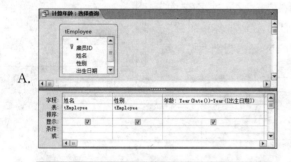

解析：Date 函数返回当前系统日期，Year 函数返回日期表达式年份的整数。选项 B 先计算/，算出的是一个小数，用当前日期去减一个小数，明显是错误的；选项 C 先算出的是时间差，其中包括月和日的时间差，再除以 365，获得的也是一个带小数的年数，是错误的；选项 D 中先得到出生年份，再除以 365，也是错误的。

答案：A

7. 现有一个已经建好的"按雇员姓名查询"窗体，如图 4.4 所示。

运行该窗体后，在文本框中输入要查询雇员的姓名，当单击"查询"按钮时，运行一个名为"按雇员姓名查询"的查询，该查询显示出所查雇员的雇员 ID、姓名和职称三个字段。若窗体中的文本框名称为 tName，设计"按雇员姓名查询"，正确的设计视图是_____。

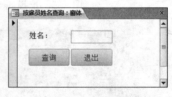

图 4.4　选择题 7 图

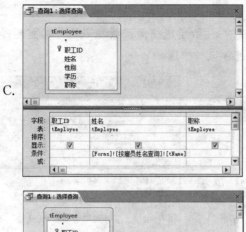

C.

D.

解析：Access中窗体对象的引用格式为：Forms！窗体名称！控件名称[属性名称]。关键字 Forms 表示窗体对象集合，感叹号"！"分割开对象名称和文件名称，"属性名称"部分默认，则为控件基本属性。

答案：C

8. 图 4.5 是使用查询设计器完成的查询，与该查询等价的 SQL 语句是_____。

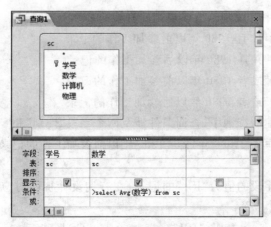

图 4.5 选择题 8 图

A. select 学号，数学 from sc where 数学＞（select avg（数学）from sc）

B. select 学号 where 数学＞（select avg（数学）from sc）

C. select 数学（avg（数学）from sc）

D. select 数学＞(select avg(数学)from sc)

解析：由图4.5可以得出：查询条件的是"数学成绩大于数学平均分"，需要显示的字段是"学号"和"数学"，SQL语句中也应包含这些数据。

答案：A

9. 在图4.6中，与查询设计器的筛选标签中所设置的筛选功能相同的表达式是_____。

图 4.6　选择题 9 图

A. 成绩表.综合成绩＞＝80 AND 成绩表.综合成绩＝＜90

B. 成绩表.综合成绩＞80 AND 成绩表.综合成绩＜90

C. 80＜＝成绩表.综合成绩＜＝90

D. 80＜成绩表.综合成绩＜90

解析：由图4.6可以得出：查询条件是"综合成绩在80和90之间(包含80和90)"。选项B查询条件设置错误；选项C、选项D不符合SQL语法规则。

答案：A

10. 图4.7显示的是查询设计视图的"设计网格"部分。

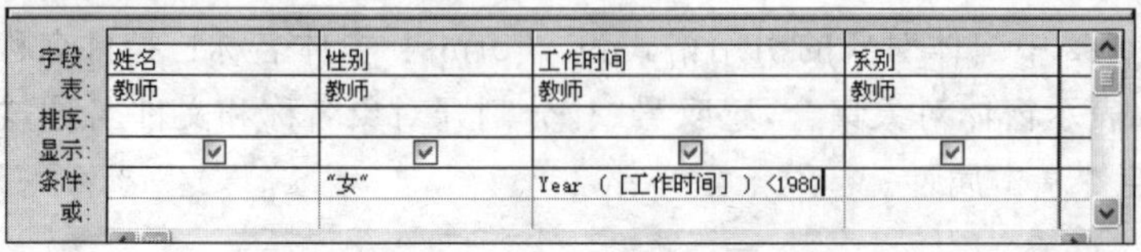

字段	姓名	性别	工作时间	系别
表	教师	教师	教师	教师
排序				
显示	☑	☑	☑	☑
条件		"女"	Year（[工作时间]）<1980	
或				

图 4.7　选择题 10 图

从所显示的内容中可以判断出该查询要查找的是_____。

A. 性别为"女"并且1980年以前参加工作的记录

B. 性别为"女"并且1980年以后参加工作的记录

C. 性别为"女"或者1980年以前参加工作的记录

D. 性别为"女"或者1980年以后参加工作的记录

解析：在图中创建的查询中，查询条件涉及两个字段"性别"和"工作时间"，条件要求"性别"为女，"工作时间"＜1980年，即：1980年以前参加工作的记录。

答案：A

11. 若要查询某字段的值为"JSJ"的记录，在查询设计视图对应字段的条件中，错误的表达式是_____。

A. JSJ　　　　　B. "JSJ"　　　　　C. " * JSJ"　　　　　D. Like "JSJ"

解析：在查询字段中使用 * ，表示查询所有字段的值。 * JSJ * 表示查询某字段内容中间含有 JSJ 的值的记录。

答案：C

12. 已经建立了包含"姓名"、"性别"、"系别"、"职称"等字段的 tEmployee 表。若以此表为数据源创建交叉表查询,计算各系不同性别的总人数和各类职称人数,并显示如图 4.8 所示的结果。

系别	性别	总人数	副教授	讲师	教授
经济	男	7	1	5	1
经济	女	7	4	1	2
软件	男	8	4	2	2
软件	女	2		1	1
数学	男	3		2	1
数学	女	3	1	2	
系统	男	3	1	2	
系统	女	1		1	
信息	男	4	1	1	2
信息	女	4	1	1	2

图 4.8 选择题 12 图

正确的设计是_____。

A.

B.
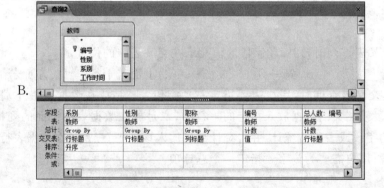

C.
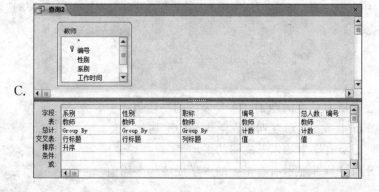

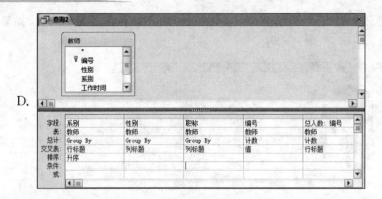

解析：创建交叉表查询,必须要指定一个或多个"行标题"选项,一个"列标题"选项和一个"值"选项。

答案：B

13. 在 Access 中已建立了"工资"表,表中包括"职工号"、"所在单位"、"基本工资"和"应发工资"等字段,如果要按单位统计应发工资总数,那么在查询设计视图的"所在单位"的"总计"行和"应发工资"的"总计"行中分别选择的是_____。

    A. sum,group by   B. count,group by

    C. group by,sum   D. group by,count

解析：在"设计"视图中,将"所在单位"的"总计"行设置成 group by,将"应发工资"的"总计"行设置成 sum 就可以按单位统计应发工资总数了。其中 group by 的作用是定义要执行计算的组;sum 的作用是返回字符表达式中值的总和,而 count 的作用是返回表达式中值的个数,即统计记录个数。

答案：C

14. 在创建交叉表查询时,列标题字段的值显示在交叉表中的位置是_____。

    A. 第一行   B. 第一列   C. 上面若干行   D. 左面若干列

解析：在创建交叉表查询时,用户需要指定三种字段:一是放在数据表最左端的行标题,它把某一字段或相关的数据放入指定的一行中;二是放在数据表最上面的列标题,它对每一列指定的字段或表进行统计,并将统计结果放入该列中;三是放在数据表行与列交叉位置上的字段,用户需要为该字段指定一个总计项。

答案：A

15. 在 Access 中已建立了"学生"表,表中有"学号"、"姓名"、"性别"和"入学成绩"等字段。执行如下 SQL 命令：

Select 性别,avg(入学成绩)From 学生 Group by 性别

其结果是_____。

    A. 计算并显示所有学生的性别和入学成绩的平均值

    B. 按性别分组计算并显示性别和入学成绩的平均值

    C. 计算并显示所有学生的入学成绩的平均值

    D. 按性别分组计算并显示所有学生的入学成绩的平均值

解析："avg(入学成绩)"的作用是求"入学成绩"的平均值;Select 是 SQL 的查询语句;Group By 的作用是定义要执行计算的组。所以本题 SQL 命令的作用是将学生表按性别分组,计算并显示学生的性别和入学成绩的平均值。

答案:B

16. 在 Access 中,查询的数据源可以是_____。

    A. 表　　　　　　　　　　　　　　　　B. 查询

    C. 表和查询　　　　　　　　　　　　　D. 表、查询和报表

解析:在 Access 中,查询是对数据库表中的数据进行查找,同时产生一个类似于表的结果。因此查询的数据源可以是表和查询。

答案:C

17. 在一个 Access 的表中有字段"专业",要查找包含"信息"两个字的记录,正确的条件表达式是_____。

    A. =left([专业],2)="信息"　　　　　　B. Like" * 信息 * "

    C. ="信息 * "　　　　　　　　　　　　D. Mid([专业],1,2)="信息"

解析:在 Access 中建立查询时,可能需要只使用字段中包含的部分值作为查询条件,其格式为 Like" * XXX * "。

答案:B

18. 如果在查询的条件中使用了通配符方括号[ ],它的含义是_____。

    A. 通配任意长度的字符

    B. 通配不在括号内的任意字符

    C. 通配方括号内列出的任一单个字符

    D. 错误的使用方法

解析:在查询中,"[ ]"的含义是通配方括号内的任一单个字符。

答案:C

19. 现有某查询设计视图如图 4.9 所示,该查询要查找的是_____。

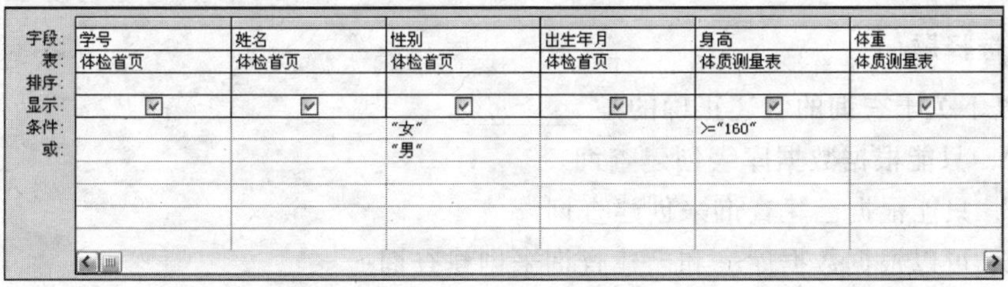

字段	学号	姓名	性别	出生年月	身高	体重
表	体检首页	体检首页	体检首页	体检首页	体质测量表	体质测量表
排序						
显示	☑	☑	☑	☑	☑	☑
条件			"女"		>="160"	
或			"男"			

图 4.9　选择题 19 图

    A. 身高在 160 以上的女性和所有的男性

    B. 身高在 160 以上的男性和所有的女性

    C. 身高在 160 以上的所有人或男性

    D. 身高在 160 以上的所有的人

解析:由图 4.9 可看出,在"性别"字段中可以是女性也可以是男性,但在"身高"字段

中要求女性的身高必须大于160,而对男性没有任何要求,所以本题所查找的应该是身高在160以上的女性和所有的男性。

答案：A

二、填空题

1. 若要查找最近20天之内参加工作的职工记录,查询条件为_____。

解析：查询条件中,特殊运算符Between用于指定一个字段值的范围,指定的范围之间用And连接。而Date()函数是用于返回当前系统日期。本题要求查询最近20天之内的记录,故查询条件应该为：Between Date() And Date()-20。

答案：Between Date() And Date()-20

2. 创建交叉表查询时,必须对行标题和_____进行分组(Group By)操作。

解析：所谓交叉表查询,就是将来源于某个表中的字段进行分组,一组列在数据表的左侧,一组列在数据表的上部,然后在数据表行与列的交叉处显示表中某个字段的各种计算值。也就是说,创建交叉表查询时,必须对行标题和列标题进行分组操作。

答案：列标题

3. 结合型文本框可以从表、查询或_____中获得所需的内容。

解析：文本框主要用来输入和编辑字段数据,它是一种交互式控件。文本框分为三种类型：结合型、非结合型、计算型。结合型文本框能够从表、查询或SQL中获得所需要的内容。

答案：SQL

4. 在SQL的Select命令中用_____短语对查询的结果进行排序。

解析：在SQL的Select命令中,ORDER BY短语用来对查询的结果进行排序。

答案：ORDER BY

4.2 同步自测

一、选择题

1. 以下关于查询的叙述正确的是_____。

    A. 只能根据数据库表创建查询

    B. 只能根据已建查询来创建查询

    C. 可以根据数据库表和已建查询来创建查询

    D. 不能根据已建查询创建查询

2. Access判断的查询类型有_____。

    A. 选择查询、交叉表查询、参数查询、SQL查询和操作查询

    B. 基本查询、选择查询、参数查询、SQL查询和操作查询

    C. 多表查询、单表查询、交叉表查询、参数查询和操作查询

    D. 选择查询、统计查询、参数查询、SQL查询和操作查询

3. 以下不属于操作查询的是_____。

　　A. 交叉表查询　　　　　　　　　B. 更新查询

　　C. 删除查询　　　　　　　　　　D. 生成表查询

4. 在查询设计视图中_____。

　　A. 只能添加数据库表

　　B. 可以添加数据库表,也可以添加查询

　　C. 只能添加查询

　　D. 以上说法都不对

5. 假设某数据库表中有一个姓名字段,查找姓李的记录的条件是_____。

　　A. Not "李 *"　　　　　　　　　　B. Like "李"

　　C. Left([姓名],1)="李"　　　　　 D. "李"

二、填空题

1. 创建分组统计查询时,总计项应该选择 ___(1)___ 。

2. 根据对数据源的操作方式和结果的不同,查询可以分为 5 类: ___(2)___ 、交叉表查询、___(3)___ 、操作查询和 SQL 查询。

3. "查询"设计视图窗口分为上下两部分,上半部分为 ___(4)___ ,下半部分为设计网格。

4. 书写查询条件时,日期值应该用 ___(5)___ 括起来。

5. SQL 查询就是用户使用 SQL 语句来创建的一种查询。SQL 查询主要包括 ___(6)___ 、传递查询、___(7)___ 和子查询 4 种。

4.3 上 机 实 验

实验 1 创建选择查询

一、实验目的

(1) 掌握使用"简单查询向导"创建选择查询的方法。

(2) 通过多表查询,深入理解表之间建立关系的重要意义。

(3) 掌握查询表达式的使用。

二、实验内容

(1) 在数据库 samp4.accdb 中,已经设计好两个表 tA 和 tB。

① 使用向导创建一个简单查询,查找并显示所有客人的姓名、房间号、电话和入住日期,将查询命名为 qT1。

② 创建一个查询,查找"身份证"字段第 4~6 位值为 102 的记录,并显示"姓名"、"入住日期"和"价格"三个字段内容,将查询命名为 qT2。

(2) 在数据库 samp5.accdb 中,已经设计好三个关联表对象(名为 tStud、tCourse 和 tScore)。

① 使用查询视图创建一个选择查询,查找学生的"姓名"、"课程名"和"成绩"三个字段内容,将查询命名为 qT3。

② 创建一个选择查询,查找没有绘画爱好学生的"学号"、"姓名"、"性别"和"年龄"4个字段内容,所建查询命名为 qT4。

(3) 在数据库 samp6. accdb 中,已经设计好两个表 tNorm 和 tStock。

① 创建一个查询,查找库存数量超过 10 000(不含 10 000)的产品,并显示"产品代码"、"产品名称"和"库存数量",将所建查询命名为 qT5。

② 创建一个查询,查找产品最高储备与最低储备相差最小的数量并输出,标题显示为 m_data,所建查询命名为 qT6。

三、实验步骤

(1)【操作步骤】

步骤 1:打开数据库 samp4. accdb,在"创建"选项卡的"查询"组中单击"查询向导"按钮,弹出"新建查询"对话框,如图 4.10 所示。

步骤 2:选择"简单查询向导",单击"确定"按钮,弹出"简单查询向导"对话框。

步骤 3:在"表/查询"下拉列表中选择"表:tA",在"可用字段"列表框中双击 tA 表中的"姓名"、"房间号"、"入住日期"字段,将其添加到"选定字段"列表框。

步骤 4:采用同样的方法,将 tB 表中的"电话"也添加为选定字段,如图 4.11 所示。

图 4.10　"新建查询"对话框

步骤 5:单击"下一步"按钮,弹出"简单查询向导"的第二个对话框,将标题改为"qT1",如图 4.12 所示,单击"完成"按钮。查询运行结果如图 4.13 所示。

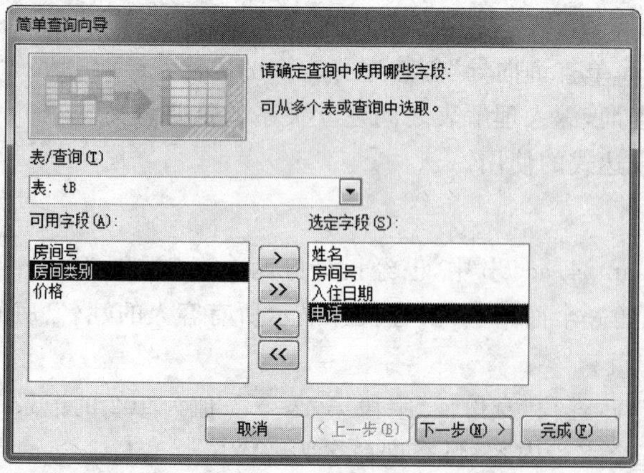

图 4.11　选取字段

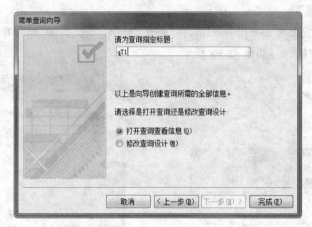

图 4.12 指定标题

图 4.13 qT1 查询结果

步骤 6：在"创建"选项卡的"查询"组中单击"查询设计"按钮，弹出"显示表"对话框，分别选中表名 tA 和 tB，单击"添加"按钮，将这两个表添加到查询设计窗口中。

步骤 7：在 tA 表中双击"姓名"和"入住日期"字段，在 tB 表中双击"价格"字段，将其添加在"字段"行中。

步骤 8：在第 4 个字段中输入"Mid（[身份证]，4，3）"，在此字段的"条件"行中输入 102，并把"显示"中的勾去掉，如图 4.14 所示。

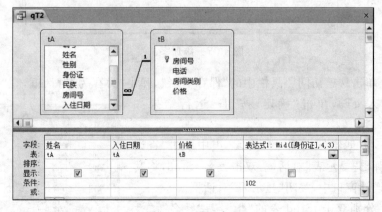

图 4.14 设置字段

步骤 9：按 Ctrl＋S 键，以 qT2 为名称保存查询。查询运行结果如图 4.15 所示。

（2）【操作步骤】

步骤1：打开数据库 samp5.accdb，在"创建"选项卡的"查询"组中单击"查询设计"按钮，弹出"显示表"对话框，如图 4.16 所示。

图 4.15　qT2 查询结果

图 4.16　"显示表"对话框

步骤2：双击表名 tStud、tScore 和 tCourse，将这三个表添加到查询设计窗口中，单击"关闭"按钮，关闭"显示表"对话框。

步骤3：将 tStud 表的"姓名"拖到"字段"行的第 1 列，tCourse 表的"课程名"拖到"字段"行的第 2 列，tScore 表的"成绩"拖到"字段"行的第 3 列，如图 4.17 所示。

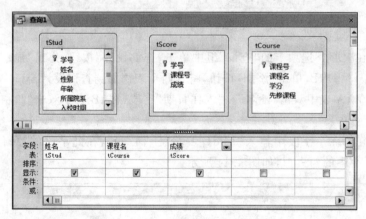

图 4.17　添加字段

步骤4：单击快速访问工具栏中的"保存"按钮，弹出"另存为"对话框，在"查询名称"文本框中输入 qT3，单击"确定"按钮。运行结果如图 4.18 所示。

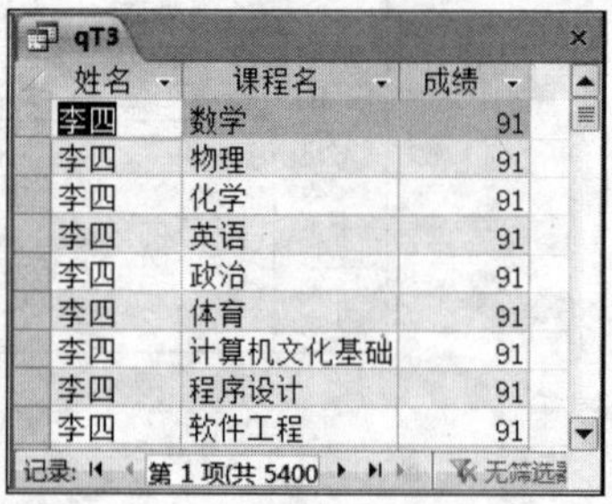

步骤5：在"创建"选项卡的"查询"组中单击"查询设计"按钮，弹出"显示表"对话框，双击表名 tStud，将其添加到查询设计窗口中，关闭"显示表"对话框。

步骤6：分别双击 tStud 表的"学号"、"姓名"、"性别"、"年龄"和"简历"字段，将其添加到"字段"行中。在"简历"字段的"条件"行中输入"Not Like " * 绘画 * ""，

图 4.18　qT3 查询结果

在"显示"行中取消对该字段的勾选,如图 4.19 所示。

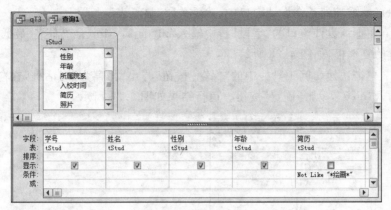

图 4.19　条件查询

步骤 7:单击快速访问工具栏中的"保存"按钮,另存为 qT4。运行结果如图 4.20 所示。

(3)【操作步骤】

步骤 1:打开数据库 samp6.accdb,在"创建"选项卡的"查询"组中单击"查询设计"按钮,弹出"显示表"对话框,双击表名 tStock 将其添加到查询设计窗口中,然后关闭对话框。

步骤 2:在查询设计窗口中,双击 tStock 表中的"产品代码"、"产品名称"和"库存数量"字段,将其添加到窗口下方的设计窗格中,如图 4.21 所示。

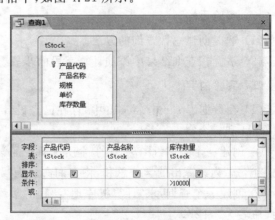

图 4.20　qT4 查询结果　　　　　　　　　图 4.21　条件查询设计

步骤 3:在"库存数量"列的"条件"行中输入条件">10000"。

步骤 4:单击快速访问工具栏中的"保存"按钮,弹出"另存为"对话框,在"查询名称"文本框中输入"qT5",单击"确定"按钮。运行结果如图 4.22 所示。

步骤 5:打开数据库 samp6.accdb,在"创建"选

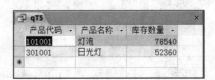

图 4.22　qT5 查询结果

项卡的"查询"组中单击"查询设计"按钮,弹出"显示表"对话框,选中表名 tNorm,单击"添加"按钮将其添加到查询设计窗口中,然后关闭"显示表"对话框。

步骤 6:在查询设计窗口的"字段"行中输入"m_data:Min(最高储备-最低储备)",勾选"显示"行的复选框,如图 4.23 所示。

步骤 7:单击快速访问工具栏中的"保存"按钮,弹出"另存为"对话框,在"查询名称"文本框中输入"qT6",单击"确定"按钮。运行结果如图 4.24 所示。

图 4.23   qT6 查询设计

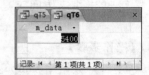

图 4.24   qT6 查询结果

实验 2   创建总计查询

一、实验目的

(1) 掌握创建总计查询的方法。

(2) 掌握在查询结果中添加计算字段的步骤。

二、实验内容

(1) 在数据库 samp7.accdb 中,存在已经设计好的三个关联表对象 tCourse、tGrade、tStudent 和一个空表 tSinfo。

① 创建一个查询,计算每名学生所选课程的学分总和,并依次显示"姓名"和"学分",其中"学分"为计算出的学分总和,将查询命名为"sT1"。

② 创建一个查询,求"计算机原理"课程的平均成绩,要求平均成绩保留两位小数,将查询命名为"sT2"。

(2) 在数据库 samp5.accdb 中,已经设计好三个关联表对象(名为"tStud"、"tCourse"和"tScore")。创建一个查询,查询"数学"成绩在前三位的学生信息,显示"学号"、"姓名"、"成绩"和"结论"字段。要求,在"结论"中显示"成绩优秀",将查询命名为"sT3"。

三、实验步骤

(1)【操作步骤】

步骤 1:打开数据库 samp7.accdb,在"创建"选项卡的"查询"组中单击"查询设计"按钮,弹出"显示表"对话框,双击表名 tCourse、tGrade 和 tStudent,将这三个表添加到查询设计窗口中,关闭"显示表"对话框。

步骤 2:在 tStudent 表中双击"姓名"字段,在 tCourse 表中双击"学分"字段,将其添加到"字段"行中。

步骤 3:在"设计"选项卡的"显示/隐藏"组中单击"汇总"按钮,在"学分"字段的"总计"行下拉列表中选择"合计",在"学分"字段前加"学分:",如图 4.25 所示。

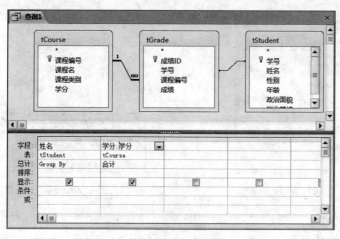

图 4.25 总计查询

步骤 4:以 sT1 命名保存查询。运行结果如图 4.26 所示。

步骤 5:在"创建"选项卡的"查询"组中单击"查询设计"按钮,弹出"显示表"对话框,双击表名 tCourse 和 tGrade,将其添加到查询设计窗口中,关闭"显示表"对话框。

步骤 6:将 tCourse 表的"课程名"字段和 tGrade 表的"成绩字段"添加到"字段"行中。

步骤 7:在"设计"选项卡的"显示/隐藏"组中单击"汇总"按钮,在"成绩"字段的"总计"下拉列表中选择"平均值",在"课程名"字段的"条件"行中输入"="计算机原理"",如图 4.27 所示。

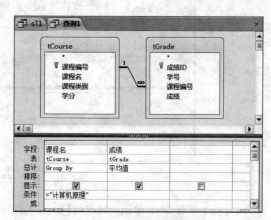

图 4.26 sT1 查询结果　　　　　图 4.27 设置总计查询

步骤8：将光标定位在"成绩"字段列中，在"设计"选项卡的"显示/隐藏"组中单击"属性表"按钮，在窗口的右侧打开"属性表"任务窗格，在"格式"下拉列表框中选择"标准"，在"小数位数"下拉列表框中选择"2"，如图4.28所示。关闭"属性表"任务窗格。

步骤9：单击快速访问工具栏中的"保存"按钮，将查询保存为"sT2"。运行结果如图4.29所示。

图4.28 "属性表"任务窗格　　　　　　　图4.29 sT2查询结果

（2）【操作步骤】

步骤1：打开数据库samp5.accdb，在"创建"选项卡的"查询"组中单击"查询设计"按钮，弹出"显示表"对话框，双击表名tStud、tScore和tCourse，将这三个表添加到查询设计窗口中，关闭"显示表"对话框。

步骤2：将tStud表的"学号"和"姓名"字段，tCourse表的"课程名"字段，以及tScore表的"成绩"字段添加到"字段"行中。

步骤3：在"课程名"字段列的"条件"行中输入：="数学"，并取消"显示"行的勾选；在"成绩"字段列的"排序"下拉列表中选择"降序"，如图4.30所示。

图4.30 设置查询字段

步骤4：将光标定位在第一个空白列的字段行中，单击"设计"选项卡下"查询设置"组中的"生成器"按钮，弹出"表达式生成器"对话框，在文本框中输入"结论:"成绩优秀""，如图4.31所示。单击"确定"按钮，关闭对话框。

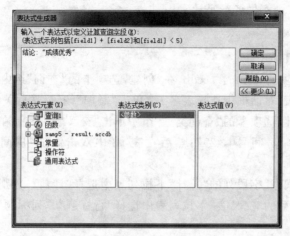

图 4.31 "表达式生成器"对话框

步骤 5：在"查询设置"组中的"返回"组合框中输入"3"，如图 4.32 所示，可显示前三位的信息。

步骤 6：单击快速访问工具栏中的"保存"按钮，将查询保存为"sT3"。运行结果如图 4.33 所示。

图 4.32 "查询设置"组

图 4.33 sT3 查询结果

实验 3 创建交叉表查询

一、实验目的

(1) 了解交叉表查询的作用。

(2) 掌握 Access 中创建交叉表查询的方法。

(3) 通过多表查询，深入理解表之间建立关系的重要意义。

二、实验内容

(1) 在数据库 samp4.accdb 中，已经设计好两个表 tA 和 tB。以表对象 tB 为数据源创建一个交叉表查询，使用房间号统计并显示每栋楼的各类房间个数。行标题为"楼号"，列标题为"房间类别"，所建查询命名为"cT1"。

注：房间号的前两位为楼号。

(2) 在数据库 samp6.accdb 中，已经设计好两个表 tNorm 和 tStock。创建一个交叉表查询，统计并显示每种产品不同规格的平均单价，显示时行标题为产品名称，列标题为规格，计算字段为单价，所建查询命名为"cT2"。

注意：交叉表查询不做各行小计。

三、实验步骤

（1）【操作步骤】

步骤 1：打开数据库 samp4.accdb，在"创建"选项卡的"查询"组中单击"查询设计"按钮，在打开的"显示表"对话框中选择表名 tB，单击"添加"按钮，然后关闭对话框。

步骤 2：在"设计"选项卡的"查询类型"组中单击"交叉表"按钮，在"字段"行的第一列中输入"楼号：Left（［房间号］，2）"；然后在表 tB 中双击添加"房间类别"和"房间号"字段。

步骤 3：在"房间号"字段列的"总计"下拉列表中选择"计数"；分别在"楼号"、"房间类别"和"房间号"字段列的"交叉表"下拉列表中选择"行标题"、"列标题"和"值"，如图 4.34 所示。

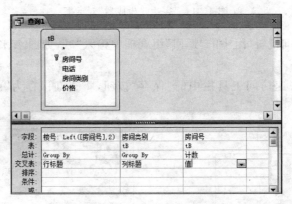

图 4.34　交叉表查询设计

步骤 4：单击快速访问工具栏中的"保存"按钮，将查询保存为"cT1"。查询运行结果如图 4.35 所示。

（2）【操作步骤】

步骤 1：打开数据库 samp6.accdb，在"创建"选项卡的"查询"组中单击"查询向导"按钮，打开"新建查询"对话框，选择"交叉表查询向导"，如图 4.36 所示。单击"确定"按钮。

图 4.35　cT1 查询结果

图 4.36　"新建查询"对话框

步骤 2：打开"交叉表查询向导"对话框，选择 tStock 表，单击"下一步"按钮，如图 4.37所示。

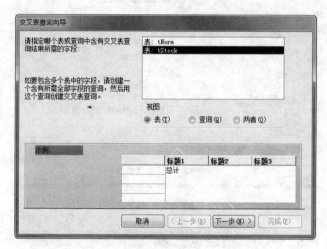

图 4.37 指定表

步骤 3：打开"交叉表查询向导"的第二个对话框，在"可用字段"列表框中双击"产品名称"将其添加到"选定字段"列表框中，作为行标题，单击"下一步"按钮，如图 4.38 所示。

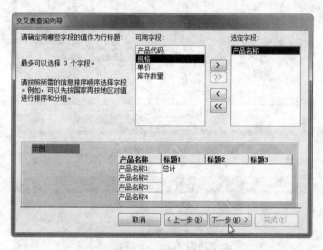

图 4.38 指定行标题

步骤 4：打开"交叉表查询向导"的第三个对话框，在列表框中选择"规格"作为列标题，单击"下一步"按钮，如图 4.39 所示。

步骤 5：打开"交叉表查询向导"的第四个对话框，在"字段"列表框中选中"单价"，在"函数"列表框中选中 Avg，取消对"是，包括各行小计"复选框的勾选，不做各行小计，然后单击"下一步"按钮，如图 4.40 所示。

步骤 6：打开"交叉表查询向导"的最后一个对话框，在"请指定查询的名称"文本框中输入"cT2"，单击"完成"按钮，如图 4.41 所示。

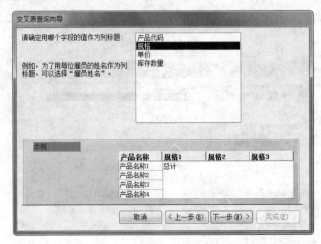

图 4.39 指定列标题

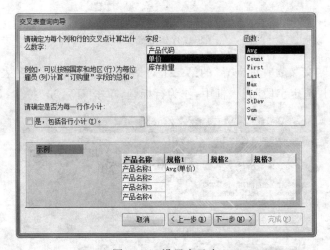

图 4.40 设置交叉点

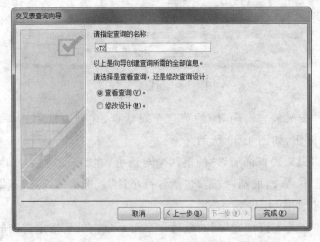

图 4.41 指定查询名称

查询结果如图 4.42 所示。

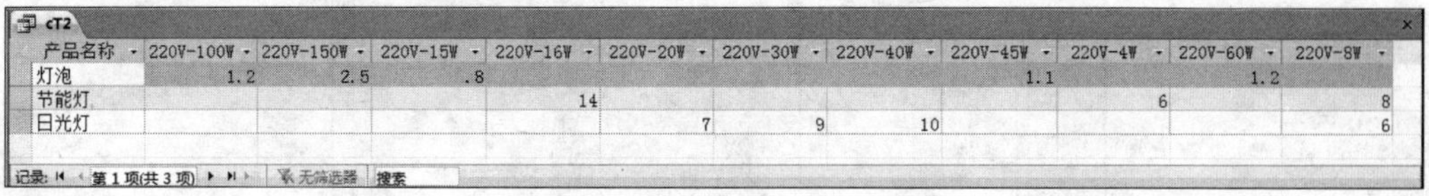

产品名称	220V-100W	220V-150W	220V-15W	220V-16W	220V-20W	220V-30W	220V-40W	220V-45W	220V-4W	220V-60W	220V-8W
灯泡	1.2	2.5	.8					1.1		1.2	
节能灯				14					6		8
日光灯					7	9	10				6

图 4.42 cT2 查询结果

实验4 创建参数查询

一、实验目的

(1) 了解参数查询的作用。

(2) 掌握 Access 中创建参数查询的方法。

二、实验内容

(1) 在数据库 samp6. accdb 中,已经设计好两个表 tNorm 和 tStock。创建一个查询,按输入的产品代码查找其产品库存信息,并显示"产品代码"、"产品名称"和"库存数量"。当运行该查询时,应显示提示信息"请输入产品代码:"。所建查询名为"pT1"。

(2) 在数据库 samp5. accdb 中,已经设计好三个关联表对象(名为"tStud"、"tCourse"和"tScore")、一个空表(名为"tTemp")和一个窗体对象(名为"fTemp")。创建一个参数查询,查找学生的"学号"、"姓名"、"年龄"和"性别"4 个字段内容。其中设置"年龄"字段为参数,参数值要求引用窗体 fTemp 上控件 tAge 的值,将查询命名为"pT2"。

(3) 在数据库 samp4. accdb 中,已经设计好两个表 tA 和 tB。创建一个查询,能够在客人结账时根据客人的姓名统计这个客人已住天数和应交金额,并显示"姓名"、"房间号"、"已住天数"和"应交金额",将查询命名为"pT3"。

注:①输入姓名时应提示"请输入姓名:";②应交金额=已住天数×价格。

三、实验步骤

(1)【操作步骤】

步骤 1:打开数据库 samp6. accdb,在"创建"选项卡的"查询"组中单击"查询设计"按钮,弹出"显示表"对话框,双击表名 tStock 将其添加到查询设计窗口中,关闭"显示表"对话框。

步骤 2:分别双击 tStock 表中的"产品代码"、"产品名称"和"库存数量"字段,将其添加到"字段"行。

步骤 3:在"产品代码"字段的"条件"行输入"[请输入产品代码:]",如图 4.43 所示。

步骤 4:单击快速访问工具栏中的"保存"按钮,另存为"pT1",关闭设计视图。

步骤 5:在导航窗格中双击查询 pT1,弹出"输入参数值"对话框,输入产品代码,如"101002",单击"确定"按钮,查询结果如图 4.44 所示。

(2)【操作步骤】

步骤 1:打开数据库 samp5. accdb,在"创建"选项卡的"查询"组中单击"查询设计"按

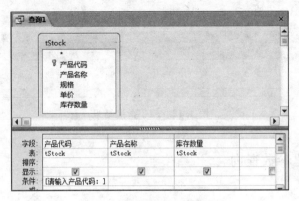

图 4.43 参数查询字段设置

(a)"输入参数值"对话框

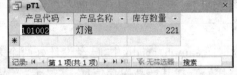

(b)查询的结果

图 4.44 pT1 查询结果

钮,弹出"显示表"对话框,双击表名 tStud 将其添加到查询设计窗口中,关闭"显示表"对话框。

步骤 2:分别双击 tStud 表中的"学号"、"姓名"、"年龄"和"性别"字段,将其添加到"字段"行。

步骤 3:在"年龄"字段列的"条件"行输入"[Forms]![fTemp]![tAge]",如图 4.45 所示。

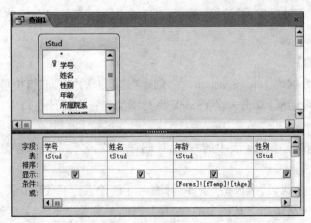

图 4.45 引用窗体字段

步骤 4:单击快速访问工具栏中的"保存"按钮,另存为"pT2",关闭设计视图。

步骤 5:在导航窗格中双击窗体 fTemp,在"年龄"文本框中输入"25",单击 OK 按钮,

如图 4.46 所示;然后在"查询"列表中双击 pT2,查询年龄为 25 的学生信息,结果如图 4.47
所示。

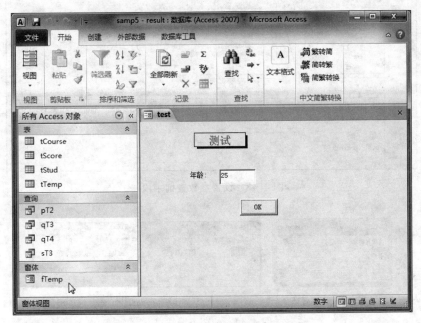

图 4.46　打开窗体

图 4.47　pT2 查询结果

(3)【操作步骤】

步骤 1:打开数据库 samp4. accdb,在"创建"选项卡的"查询"组中单击"查询设计"按
钮,弹出"显示表"对话框,双击表名 tA 和 tB 将其添加到查询设计窗口中,关闭"显示表"
对话框。

步骤 2:分别双击表 tA 中的"姓名"和"房间号"两个字段,将其添加到"字段"行中。
在第三个字段中输入"已住天数:Date()-[入住日期]",在第四个字段中输入"应交金额:
[价格]∗[已住天数]",在"姓名"字段列的"条件"行中输入"[请输入姓名:]",如
图 4.48 所示。

步骤 3:单击快速访问工具栏中的"保存"按钮,另存为"pT3",关闭设计视图。

步骤 4:在导航窗格中双击查询 pT3,弹出"输入参数值"对话框,输入产品代码,如
"张忠",单击"确定"按钮,查询结果如图 4.49 所示。

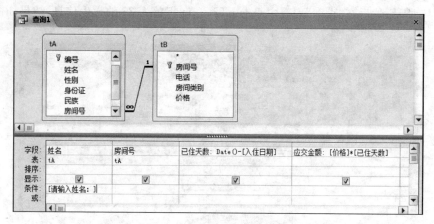

图 4.48 设置参数查询字段

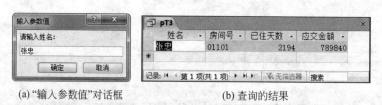

(a) "输入参数值"对话框   (b) 查询的结果

图 4.49 pT3 查询结果

实验 5 创建操作查询

一、实验目的

(1) 了解生成表查询、更新查询、删除查询和追加查询的作用。

(2) 掌握各种操作查询的创建方法。

二、实验内容

(1) 在数据库 samp7. accdb 中,存在已经设计好的三个关联表对象 tCourse、tGrade、tStudent 和一个空表 tSinfo。创建一个查询,将所有学生的"班级编号"、"学号"、"课程名"和"成绩"等值填入 tSinfo 表相应字段中,其中"班级编号"值是 tStudent 表中"学号"字段的前 6 位,将查询命名为"oT1"。

(2) 在数据库 samp8. accdb 中,存在已经设计好的三个关联表对象 tStud、tCourse 和 tScore。

① 创建一个查询,将 tCourse 表中的课程名"数据库"改为"数据库技术与应用",将查询命名为"oT2"。

② 创建一个查询,删除 tScore 表中所有"张红"的记录,将查询命名为"oT3"。

③ 创建一个查询,将"计算机文化基础"课程的成绩保存到一个新表中,将查询命名为"oT4"。

三、实验步骤

(1)【操作步骤】

步骤 1：打开数据库 samp7. accdb，在"创建"选项卡的"查询"组中单击"查询设计"按钮，弹出"显示表"对话框，双击表名 tStudent、tGrade 和 tCourse 将其添加到查询设计窗口中，关闭"显示表"对话框。

步骤 2：在"设计"选项卡的"查询类型"组中单击"追加"按钮，弹出"追加"对话框。在"表名称"组合框下拉列表中选择 tSinfo，单击"确定"按钮，如图 4.50 所示。

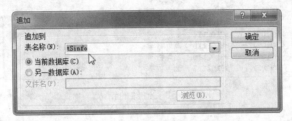

图 4.50　"追加"对话框

步骤 3：在"字段"行第一列中输入"班级编号：Left([tStudent]![学号]，6)"，在"追加到"下拉列表中选择"班级编号"；然后分别双击 tStudent 表的"学号"字段、tCourse 表的"课程名"字段、tGrade 表的"成绩"字段，如图 4.51 所示。

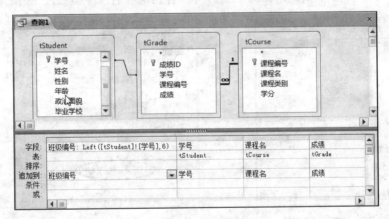

图 4.51　追加查询设计

步骤 4：单击快速访问工具栏中的"保存"按钮，另存为"oT1"。

步骤 5：单击"设计"选项卡中的"运行"按钮，在弹出的对话框中单击"是"按钮，确认追加操作。在导航窗格中双击 tSinfo 表，可以看到记录已经添加到表中，如图 4.52 所示。

(2)【操作步骤】

步骤 1：打开数据库 samp8. accdb，在"创建"选项卡的"查询"组中单击"查询设计"按钮，弹出"显示表"对话框，双击表名 tCourse 将其添加到查询设计窗口中，关闭"显示表"对话框。

步骤 2：在"设计"选项卡的"查询类型"组中单击"更新"按钮；双击 tCourse 表的"课

图 4.52　追加的记录

程名"字段将其添加到"字段"行中；在"条件"行中输入"＝"数据库""，在"更新到"行中输入""数据库技术与应用""，如图 4.53 所示。

步骤 3：单击快速访问工具栏中的"保存"按钮，另存为"oT2"。

步骤 4：单击"设计"选项卡中的"运行"按钮，在弹出的对话框中单击"是"按钮，确认更新操作。在导航窗格中双击 tCourse 表，可以看到课程名已经被修改，如图 4.54 所示。

图 4.53　更新查询设计

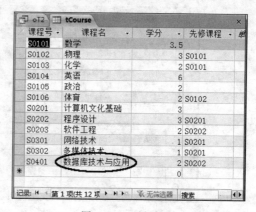

图 4.54　更新结果

步骤 5：在"创建"选项卡的"查询"组中单击"查询设计"按钮，弹出"显示表"对话框，双击表名 tStud 和 tScore 将其添加到查询设计窗口中，关闭"显示表"对话框。

步骤 6：在"设计"选项卡的"查询类型"组中单击"设计"按钮；在"字段"行的第一列下拉列表中选择"tScore. ＊"；双击 tStud 表中的"姓名"字段，将其添加到"字段"行的第二列，在"条件"行中输入"＝"张红""，如图 4.55 所示。

步骤 7：单击快速访问工具栏中的"保存"按钮，另存为"oT3"。

步骤 8：单击"设计"选项卡中的"运行"按钮，在弹出的对话框中单击"是"按钮，确认删除操作，如图 4.56 所示。此时"张红"的信息从 tScore 表中删除。

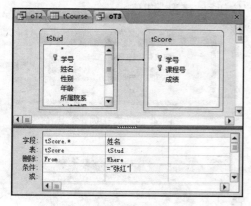

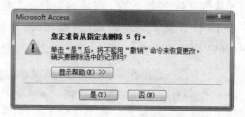

图 4.55 删除查询设计 图 4.56 确认删除

步骤 9：在"创建"选项卡的"查询"组中单击"查询设计"按钮，弹出"显示表"对话框，双击表名 tStud、tScore 和 tCourse，将其添加到查询设计窗口中，关闭"显示表"对话框。

步骤 10：在"设计"选项卡的"查询类型"组中单击"生成表"按钮，弹出"生成表"对话框，在"表名称"组合框中输入"计算机文化基础成绩"，单击"确定"按钮，如图 4.57 所示。

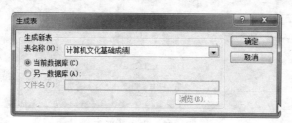

图 4.57 "生成表"对话框

步骤 11：双击 tStud 表的"学号"和"姓名"字段、tScore 表的"成绩"字段、tCourse 表的"课程名"字段，将其添加到"字段"行；在"课程名"字段列的"条件"行中输入"="计算机文化基础""，取消"显示"行复选框的勾选，如图 4.58 所示。

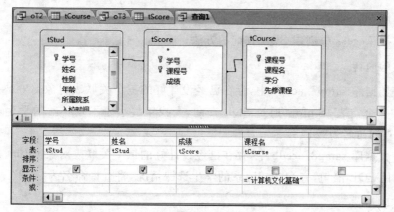

图 4.58 生成表查询设计

步骤12：单击快速访问工具栏中的"保存"按钮，另存为"oT4"。

步骤13：单击"设计"选项卡中的"运行"按钮，在弹出的对话框中单击"是"按钮，确认创建新表操作，如图4.59所示。

图4.59 确认创建新表

步骤14：可以发现，在导航窗格的"表"对象中多了"计算机文化基础成绩"表，双击打开查看表中的内容，如图4.60所示。

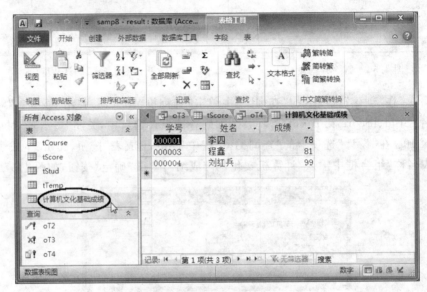

图4.60 生成的新表

实验6 创建SQL查询

一、实验目的

(1) 了解SQL查询的语句格式。

(2) 掌握Access中创建SQL查询的方法。

二、实验内容

(1) 在数据库samp7.accdb中，存在已经设计好的三个关联表对象tCourse、tGrade、tStudent和一个空表tSinfo。通过SQL查询，查找年龄小于平均年龄的学生，并显示其"姓名"，将查询命名为"zT1"。

(2) 在数据库samp8.accdb中，存在已经设计好的三个关联表对象tStud、tCourse和tScore。利用SQL语句，查询"04"院系的学生选课情况，将查询命名为"zT2"。

三、实验步骤

(1)【操作步骤】

步骤1：打开数据库samp7.accdb，在"创建"选项卡的"查询"组中单击"查询设计"按钮,弹出"显示表"对话框,双击表名 tStudent 将其添加到查询设计窗口中,关闭"显示表"对话框。

步骤 2:双击 tStudent 表的"姓名"和"年龄"字段将其添加到"字段"行;在"年龄"字段列的"条件"行中输入"<(Select Avg([年龄]) From [tStudent])",如图 4.61 所示。

步骤 3:单击快速访问工具栏中的"保存"按钮,另存为"zT1"。

步骤 4:单击"设计"选项卡中的"运行"按钮,查询结果如图 4.62 所示。

图 4.61　利用查询视图创建 SQL 查询　　　　图 4.62　zT1 查询结果

(2)【操作步骤】

步骤 1:打开数据库 samp7.accdb,在"创建"选项卡的"查询"组中单击"查询设计"按钮,弹出"显示表"对话框,关闭"显示表"对话框。

步骤 2:右击查询标签,在弹出的快捷菜单中选择"SQL 视图"命令,将设计视图转换为 SQL 视图。

步骤 3:在 SQL 视图窗口中输入 SQL 语句(如图 4.63 所示):

SELECT tStud.学号, 姓名, 课程名, 学分, 成绩

FROM tStud, tCourse, tScore

WHERE tStud.学号=tScore.学号 and tCourse.课程号=tScore.课程号 and 所属院系="04";

图 4.63　SQL 查询语句

步骤 4:单击快速访问工具栏中的"保存"按钮,另存为"zT2"。

步骤 5:单击"设计"选项卡中的"运行"按钮,查询结果如图 4.64 所示。

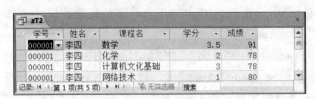

图 4.64　zT2 查询结果

思考与练习

在数据库 samp9. accdb 中,已经设计好三个关联表对象 tStud、tCourse 和 tScore 及表对象 tTemp。请按以下要求完成设计。

(1) 创建一个查询,查找并显示学生的"姓名"、"课程名"和"成绩"三个字段内容,将查询命名为"qT1"。

(2) 创建一个查询,查找并显示有摄影爱好的学生的"学号"、"姓名"、"性别"、"年龄"和"入校时间"5 个字段内容,将查询命名为"qT2"。

(3) 创建一个查询,查找学生的成绩信息,并显示"学号"和"平均成绩"两列内容。其中"平均成绩"一列数据由统计计算得到,将查询命名为"qT3"。

(4) 创建一个查询,将 tStud 表中女学生的信息追加到 tTemp 表对应的字段中,将查询命名为"qT4"。

第5章 窗 体

5.1 经典题解

一、选择题

1. 下列不属于 Access 窗体的视图是_____。

    A. 设计视图   B. 窗体视图

    C. 版面视图   D. 数据表视图

解析：窗体有三种视图，分别为：设计视图、窗体视图和数据表视图。

答案：C

2. 假设已在 Access 中建立了包含"书名"、"单价"和"数量"三个字段的 tOfg 表,以该表为数据源创建的窗体中,有一个计算订购总金额的文本框,其控件来源为_____。

    A. ［单价］＊［数量］

    B. ＝［单价］＊［数量］

    C. ［图书订单表］!［单价］＊［图书订单表］!［数量］

    D. ＝［图书订单表］!［单价］＊［图书订单表］!［数量］

解析：计算控件的控件源必须是以"＝"开头的一个计算表达式,表达式中的字段名前不用加表名,并且以"［］"括起来。

答案：B

3. 确定一个控件在窗体或报表上的位置的属性是_____。

    A. Width 或 Height   B. Width 和 Height

    C. Top 或 Left   D. Top 和 Left

解析：Width 表示控件的宽度,Height 表示控件的高度,Top 表示控件的顶部与它所在容器顶部的距离,Left 表示控件的左边与它所在容器左边的距离。可以通过 Top 属性和 Left 属性来确定一个控件的位置。

答案：D

4～6 题中使用如图 5.1 所示的窗体,窗体的名称为 fmTest,窗体中有一个标签和一个命令按钮,名称分别为 Label1 和 bChange。

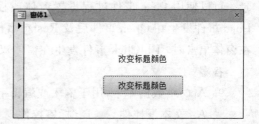

图 5.1 选择题 4～6 图

4. 在"窗体视图"中显示该窗体时,要求在单击命令按钮后标签上显示的文字颜色变为红色,以下能实现该操作的语句是_____。

A. label1. ForeColor＝255　　　　　　　B. bChange. ForeColor＝255

C. label1. ForeColor＝"255"　　　　　　D. bChange. ForeColor＝"255"

解析:"前景颜色(ForeColor)"和"背景颜色(BackColor)"属性值分别表示显示控件的底色和控件中文字的颜色。

答案:A

5. 若将窗体的标题设置为"改变文字显示颜色",应使用的语句是_____。

A. Me ＝"改变文字显示颜色"　　　　　B. Me. Caption＝"改变文字显示颜色"

C. Me. text＝"改变文字显示颜色"　　　D. Me. Name＝"改变文字显示颜色"

解析:窗体中,使用 Me. Caption 属性设置表示窗体的标题。

答案:B

6. 在"窗体视图"中显示窗体时,窗体中没有记录选定器,应将窗体的"记录选定器"属性值设置为_____。

A. 是　　　　　　B. 否　　　　　　C. 有　　　　　　D. 无

解析:在窗体属性中,要使窗体中没有记录选定器,必须把"记录选定器"的属性值设置为否。

答案:B

7. 为窗口中的命令按钮设置单击鼠标时发生的动作,应选择设置其属性对话框的_____。

A."格式"选项卡　　　　　　　　　　B."事件"选项卡

C."方法"选项卡　　　　　　　　　　D."数据"选项卡

解析:Access 中的事件主要有键盘事件、鼠标事件、对象事件、窗口事件和操作事件等,所以为窗体中的命令按钮设置鼠标时发生的动作,应选择属性对话框的"事件"选项卡。

答案:B

8. 如果加载一个窗体,先被触发的事件是_____。

A. Load 事件　　　B. Open 事件　　　C. Click 事件　　　D. DblClick 事件

解析:Access 加载窗体时运行指定的宏或用户定义的事件过程,然后显示窗体的记录。可以使用 Load 事件过程设置窗体或控件中的值,也可以设置窗体或控件的属性,Load 事件发生在 Open 事件后及 Resize 事件前,Load 事件不能被取消。Click 事件发生在窗体单击时,DblClick 事件发生在窗体双击时。

答案:B

9. Access 数据库中,用于输入或编辑字段数据的交互控件是_____。

A. 文本框控件　　B. 标签控件　　　C. 复选框控件　　　D. 组合框控件

解析:文本框主要用来输入或编辑字段数据,是一种交互式控件;标签主要用来在窗体或报表上显示说明文本;复选框是作为单独的控件来显示表或查询中的"是"或"否"的值；组合框既可以进行选择，也可以输入文本，如果在窗体上输入的数据总是取自某一个表或查询中记录的数据，或者取自某固定内容的数据，可以使用组合框来完成。

答案：A

10. 窗口事件是指操作窗口时所引发的事件。下列事件中，不属于窗口事件的是_____。

    A. 打开　　　　　B. 关闭　　　　　C. 加载　　　　　D. 取消

解析：窗口事件是指操作窗口时所引发的事件，常用的窗口事件有"打开"、"关闭"和"加载"等。

答案：D

11. Access 数据库中，若要求在窗体上设置输入的数据是取自某一个表或查询中记录的数据，或者取自某固定内容的数据，可以使用的控件是_____。

    A. 选项组控件　　　　　　　　B. 列表框或组合框控件

    C. 文本框控件　　　　　　　　D. 复选框、切换按钮、选项按钮控件

解析：组合框既可以进行选择，也可以输入文本，其在窗体上输入的数据总是取自某一个表或者查询中记录的数据，或者取自某固定内容的数据；列表框除不能输入文本外，其他数据来源与组合框一致。而文本框主要用来输入或编辑字段数据，是一种交互式控件；复选框是作为单独的控件来显示表或查询中的"是"或"否"的值。

答案：B

二、填空题

1. 在设计窗体时使用标签控件创建的是单独标签，它在窗体的_____视图中不能显示。

解析：标签主要用来在窗体或报表上显示说明性文本。可以将标签附加到其他控件上，也可以创建独立的标签（也称单独的标签），但独立创建的标签在"数据表"视图中并不显示。

答案：数据表

2. Access 数据库中，如果在窗体上输入的数据总是取自表或查询中的字段数据，或者取自某固定内容的数据，可以使用_____控件来完成。

解析：如果在窗体上输入的数据总是取自某一个表或查询中记录的数据，或者取自某固定内容的数据，可以使用组合框或列表框来完成。列表框可以含一列或几列数据，用户只能从列表中选择值，而不能输入值。组合框的列表是由多行数据组成，但平时只显示一行，需要选择其他数据时，可以单击右侧的向下箭头按钮，使用组合框既可以进行选择，也可以输入文本，这也是组合框和列表框的区别。

答案：组合框或列表框

3. 窗体由多个部分组成，每个部分称为一个_____。

解析：窗体由多个部分组成，每一个部分称为一个"节"。

答案：节

5.2 同步自测

一、选择题

1. 下面关于列表框和组合框的叙述正确的是_____。

   A. 列表框和组合框可以包含一列或几列数据

   B. 可以在列表框中输入新值而组合框不能

   C. 可以在组合框中输入新值而列表框不能

   D. 在列表框和组合框中均可以输入新值

2. 为窗体上的控件设置 Tab 键顺序,应选择属性表中的_____。

   A. "格式"选项卡　　B. "数据"选项卡　　C. "事件"选项卡　　D. "其他"选项卡

3. 下列有关选项组叙述正确的是_____。

   A. 如果选项组结合到某个字段,实际上是组框架内的复选框\选项按钮或切换按钮结合到该字段上的

   B. 选项组中的复选框可选可不选

   C. 使用选项组只要单击选项组中所需要的值,就可以为字段选定数据值

   D. 以上说法都不对

4. "特殊效果"属性值用于设定控件的显示效果,下列不属于"特殊效果"属性值的是_____。

   A. 平面　　　　　　B. 凸起　　　　　　C. 蚀刻　　　　　　D. 透明

二、填空题

1. 窗体中数据来源主要包括表和　(1)　。

2. 纵栏式窗体将窗体中的一个显示记录按列分隔,每列的左边显示　(2)　,右边显示　(3)　。

3. 在显示具有　(4)　关系的表或查询中的数据时,子窗体特别有效。

4. 组合框和列表框的主要区别是是否可以在框中　(5)　。

5.3 上机实验

实验 1　创建"登录"窗体

一、实验目的

(1) 掌握利用设计视图创建窗体的方法。

(2) 掌握了解窗体及各对象的属性设置。

(3) 掌握标签、文本框、按钮的使用方法。

二、实验内容

在数据库 samp7.accdb 中创建一个标题为"登录"的窗体,在窗体上添加两个非绑定型文本框,用于输入用户名和密码,分别命名为"username"和"password",标签的标题设置为"用户名:"和"密码:";添加两个按钮,标题设置为"验证"和"退出",分别命名为"comtest"和"comexit",如图 5.2 所示。

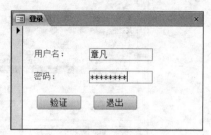

图 5.2 "登录"窗体

三、操作步骤

步骤 1:打开数据库 samp7.accdb,在"创建"选项卡的"窗体"组中单击"窗体设计"按钮,打开空白窗体设计视图。

步骤 2:在"设计"选项卡的"控件"组中单击"文本框"按钮,在窗体中单击鼠标左键,或者按住鼠标左键在窗口中绘制一文本框;添加文本框的同时也添加了一个标签,调整标签和文本框的位置;单击标签,将标题改为"用户名"。

步骤 3:选中文本框,在"设计"选项卡的"工具"组中单击"属性表"按钮,打开"属性表"任务窗格,切换到"其他"选项卡,在"名称"文本框中输入"username",如图 5.3 所示。

图 5.3 设置文本框的名称

步骤 4:按步骤 2、3 添加文本框 password;然后将属性表切换到"数据"选项卡,在"输入掩码"文本框后单击对话框启动按钮 ,弹出"输入掩码向导"对话框;在"输入掩码"列表框中选择"密码",如图 5.4 所示,单击"完成"按钮。

步骤 5:在"设计"选项卡的"控件"组中单击 按钮,在窗体中按住鼠标左键在窗口中绘制一命令按钮,单击按钮,将标题改为"验证";然后在属性表的"其他"选项卡中将名称改为"comtest",如图 5.5 所示。

步骤 6:按步骤 5 绘制命令按钮 comexit,将标题改为"退出"。

步骤 7:调整窗口大小;然后单击窗口空白区域,或者在属性表的"所选内容的类型"下拉列表中选择"窗体",切换到"格式"选项卡,在"标题"文本框中输入"登录"。

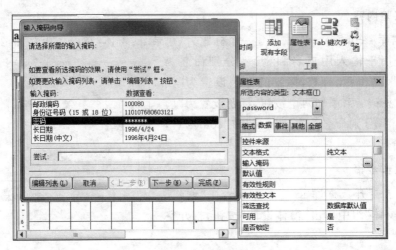

图 5.4　设置文本框的名称

图 5.5　设置按钮属性

步骤 8：右击窗体标签，在弹出的快捷菜单中选择"窗体视图"命令，可以查看设计结果。

步骤 9：单击快速访问工具栏中的"保存"按钮，将窗体保存为"登录"。

实验 2　设置窗体与控件的属性和事件

一、实验目的

（1）掌握设置窗体和控件属性的方法。

（2）掌握各种控件的建立方法。

（3）学会为窗体和控件创建事件。

二、实验内容

在数据库 samp12.accdb 中，存在已经设计好的表对象 tEmployee 和宏对象 ml，同时还有以 tEmployee 为数据源的窗体对象 fEmployee，如图 5.6 所示。

请在此基础上按照以下要求补充窗体设计。

图 5.6　fEmployee 窗体

（1）在窗体的窗体页眉节区添加一个标签控件，名称为"bTitle"，初始化标题显示为"雇员基本信息"，字体名称为"黑体"，字号大小为 18。

（2）将命令按钮 bList 的标题设置为"显示雇员情况"。

（3）单击命令按钮 bList，要求运行宏对象 m1；单击事件代码已提供，请补充完整。

（4）取消窗体的水平滚动条和垂直滚动条；取消窗体的"最大化"和"最小化"按钮。

（5）在"窗体页眉"中距左边 0.5cm，上边 0.3cm 处添加一个标签控件，控件名称为"Tda"，标题为"系统日期"。窗体加载时，将添加标签标题设置为系统当前日期。窗体"加载"事件已提供，请补充完整。

注意：

（1）不能修改窗体对象 fEmployee 中未涉及的控件和属性；不能修改表对象 tEmployee 和宏对象 m1。

（2）程序代码只允许在"*****Add*****"与"*****Add*****"之间的空行内补充一行语句、完成设计，不允许增删和修改其他位置已存在的语句。

三、操作步骤

（1）【操作步骤】

步骤 1：打开数据库 samp12. accdb，在导航窗格中右击 fEmployee 窗体，在弹出的快捷菜单中选择"设计视图"命令，打开窗体设计窗口。

步骤 2：在"设计"选项卡的"控件"组中单击"标签"按钮 *Aa*，在窗体页眉节区中按住鼠标左键绘制一标签，单击标签并输入标题"雇员基本信息"。右击标签，在弹出的快捷菜单中选择"属性"命令，打开"属性表"任务窗格；切换到"其他"选项卡，在"名称"文本框中输入"bTitle"。

步骤 3：在"开始"选项卡的"文本格式"组中设置标签标题的字体为"黑体"，字号为18，如图 5.7 所示。

（2）【操作步骤】

在窗体页脚节区中单击命令按钮 bList，输入标题"显示雇员情况"。也可以选中命令

图 5.7　设置标签属性

按钮后,将属性表切换到"格式"选项卡,在"标题"文本框中输入"显示雇员情况",如图 5.8 所示。

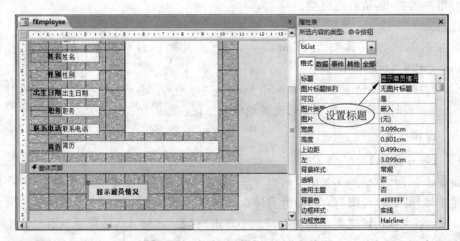

图 5.8　设置命令按钮的标题属性

(3)【操作步骤】

步骤 1:在窗体页脚节区中右击命令按钮 bList,在弹出的快捷菜单中选择"事件生成器"命令,打开代码窗口,在 bList_Click 过程中输入代码:

```
DoCmd.RunMacro "m1"
```

步骤2：关闭代码窗口。

(4)【操作步骤】

在属性表的"所选内容的类型"下拉列表中选择"窗体"，在"滚动条"下拉列表中选择"两者均无"，在"最大最小化按钮"下拉列表中选择"无"，如图5.9所示。

(5)【操作步骤】

步骤1：在"设计"选项卡的"控件"组中单击"标签"按钮Aa，在窗体页眉节区中按住鼠标左键绘制一标签，单击标签并输入标题"系统日期"。

步骤2：选中标签，在属性表的"上边距"文本框中输入"0.3cm"，在"左"文本框中输入"0.5cm"，如图5.10所示；切换到"其他"选项卡，在"名称"文本框中输入"Tda"。

步骤3：右击窗体窗口区域，在弹出的快捷菜单中选择"事件生成器"命令，打开代码窗口，在Form_Load过程中输入代码"Tda.Caption＝Date"，如图5.11所示。

图5.9 设置窗体属性

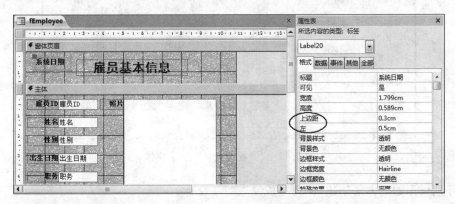

图5.10 设置标签位置

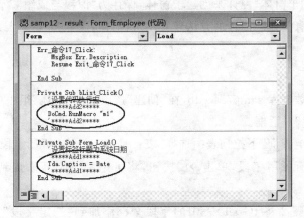

图5.11 代码窗口

实验 3　创建"课程与成绩"主/子窗体

一、实验目的

(1) 掌握利用设计视图和窗体向导创建窗体的方法。

(2) 掌握创建主/子窗体的多种方法。

(3) 掌握子窗体属性的设置方法。

二、实验内容

在数据库 samp7.accdb 中创建一个标题为"课程与成绩"的窗体,窗体中显示课程的信息与对应的成绩。主窗体不显示"记录选定器",子窗体"成绩"采用"数据表"布局,如图 5.12 所示。在窗体页眉处添加标题"课程成绩浏览",标题的格式为宋体、红色、28 号。

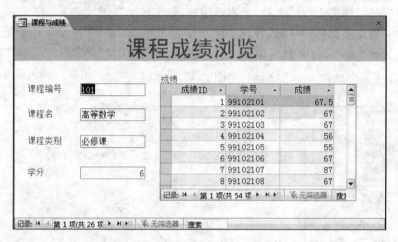

图 5.12　"课程与成绩"主/子窗体

分别采用如下方法创建"课程与成绩"主/子窗体。

方法 1:利用"窗体向导"来创建主/子窗体,保存为"课程与成绩 1"。

方法 2:利用"子窗体"控件来创建子窗体,保存为"课程与成绩 2"。

方法 3:利用直接拖动窗体的方法建立主/次窗体,保存为"课程与成绩 3"。

三、操作步骤

方法 1:

步骤 1:打开数据库 samp7.accdb,在"创建"选项卡的"窗体"组中单击"窗体向导"按钮,弹出"窗体向导"对话框。

步骤 2:在"表/查询"下拉列表中选择"表:tCourse",在"可用字段"列表框中列出了 tCourse 表中的所有可用字段,单击 >> 按钮,将可用字段全部添加到"选定字段"列表框中。

步骤 3:按步骤 2 将 tGrade 表中的字段全部添加到"选定字段"列表框中,结果如图 5.13 所示。

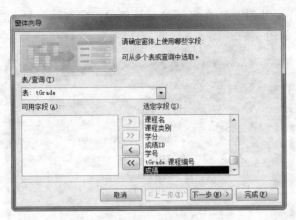

图 5.13 选定字段

步骤 4：单击"下一步"按钮，在打开的对话框中选择"通过 tCourse"方式查看数据，并选中"带有子窗体的窗体"单选按钮，如图 5.14 所示。

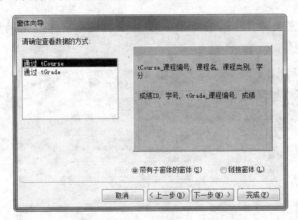

图 5.14 设置查看数据的方式

步骤 5：单击"下一步"按钮，在打开的对话框中选中"数据表"单选按钮，如图 5.15 所示。

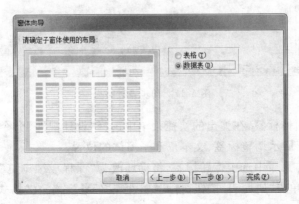

图 5.15 设置子窗体的布局

步骤6：单击"下一步"按钮，在打开的对话框中指定窗体标题为"课程与成绩1"，子窗体标题为"成绩"，如图5.16所示。

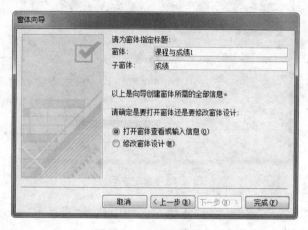

图5.16 指定窗体标题

步骤7：单击"完成"按钮，结果如图5.17所示。显然窗体的布局和标题还不符合要求，需要进一步的调整。

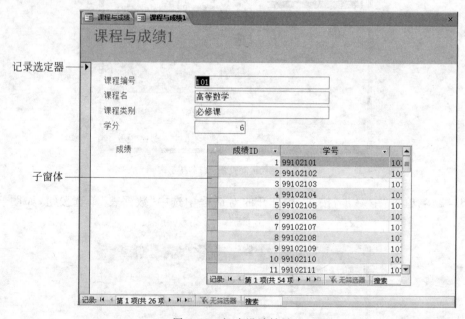

图5.17 初步设计结果

步骤8：右击窗体标签，在弹出的快捷菜单中选择"设计视图"命令，打开窗体设计窗口。按照如图5.12所示调整标签、文本框和子窗体的位置。

步骤9：在窗体页眉中选中标题标签，将标题改为"课程成绩浏览"；然后在"设计"选项卡的"工具"组中单击"属性表"按钮，打开"属性表"任务窗格；在"格式"选项卡中设置字体名称为"黑体"，字号为28，文本对齐方式为"居中"，前景色为"红色"，如图5.18所示。

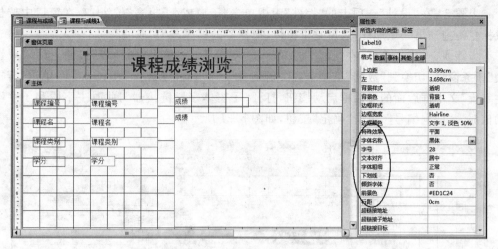

图 5.18 调整控件布局和属性

步骤 10：在属性表的"所选内容的类型"下拉列表中选择"窗体"，在"格式"选项卡的"记录选择器"下拉列表中选择"否"，如图 5.19 所示。

方法 2：

步骤 1：打开数据库 samp7.accdb，在"创建"选项卡的"窗体"组中单击"窗体设计"按钮，打开空的窗体设计窗口。

步骤 2：在"设计"选项卡的"工具"组中单击"添加现有字段"按钮 ，打开"字段列表"任务窗格；单击"显示所有表"链接，在"可用于此视图的字段"列表框中双击 tCourse，显示该表中的字段，如图 5.20 所示；分别双击 tCourse 表的 4 个字段，将其添加到窗体的主体区域中。

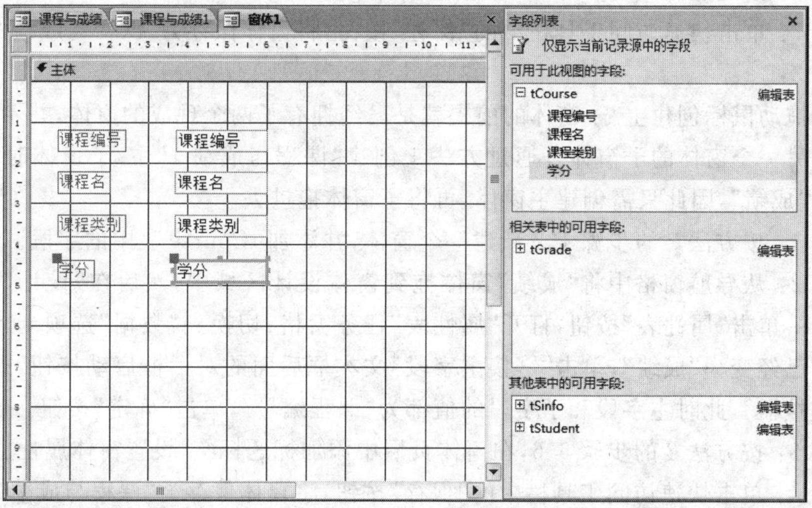

图 5.19 设置窗体属性

图 5.20 添加字段

步骤3：在"设计"选项卡的"控件"组中单击"子窗体/子报表"按钮▦，在窗口中按住鼠标左键拖动出一矩形框，这就是子窗体，把标签的标题改为"成绩"。

步骤4：选中子窗体，在"设计"选项卡的"工具"组中单击"属性表"按钮，打开"属性表"任务窗格；切换到"数据"选项卡，在"源对象"下拉列表中选择"表 tGrade"；单击"链接主字段"文本框后面的对话框启动按钮，打开"子窗体字段链接器"，此时主字段和子字段的值都为"课程编号"，单击"确定"按钮，如图 5.21 所示。

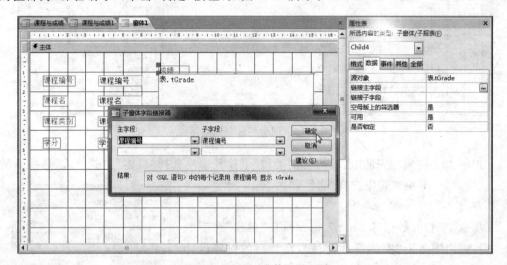

图 5.21　设置子窗体的数据源

步骤5：右击窗体主体区域，在弹出的快捷菜单中选择"窗体页眉/页脚"命令，将窗体页脚区域的高度调至最小；在"设计"选项卡的"控件"组中单击"标签"按钮 **Aa**，在窗体页眉区域按住鼠标左键绘制一标签，单击标签并输入标题"课程成绩浏览"，按方法 1 的步骤9 设置标题的属性。

步骤6：按照方法 1 的步骤 10，取消主窗体的"记录选定器"。

步骤7：单击快速访问工具栏中的"保存"按钮，将窗体保存为"课程与成绩 2"。

方法 3：

利用拖动鼠标创建主/子窗体的前提就是已经拥有了两个现成的窗体，并希望将一个窗体用作另一个窗体的子窗体。通过方法 1 创建"课程与成绩 1"主/子窗体时已经创建了子窗体"成绩"，因此只需创建主窗体，再将子窗体拖进去。

步骤1：按方法 2 的步骤 1、2 新建一个窗体，并添加 tCourse 表中的字段。

步骤2：从导航窗格中将"成绩"窗体拖到窗体设计区域中，然后在"设计"选项卡的"工具"组中单击"属性表"按钮，打开"属性表"任务窗格；切换到"数据"选项卡，可以发现"源对象"已经变为"成绩"；单击"链接主字段"文本框后面的对话框启动按钮，打开"子窗体字段链接器"，此时主字段和子字段的值都为"课程编号"，单击"确定"按钮。

步骤3：按方法 2 的步骤 5、6，在窗体页眉中添加标题标签、设置窗体属性。

步骤4：单击快速访问工具栏中的"保存"按钮，将窗体保存为"课程与成绩 3"。

实验4　创建"成绩管理"窗体

一、实验目的

(1) 掌握利用设计视图和向导创建窗体的方法。

(2) 学会在窗体中添加查询。

(3) 掌握组合框、命令按钮等控件的创建和属性设置方法。

二、实验内容

在数据库 samp7. accdb 中创建两个内容相关的窗体"成绩管理"和"选课成绩处理"。

要求：在运行窗体时，先启动"成绩管理"窗体（如图5.22所示），在"请选择课程编号："下拉列表中选择某个课程号，单击"确定"按钮，就会自动启动"选课成绩处理"窗体（如图5.23所示）。在"选课成绩处理"窗体中显示课程的基本信息和学生选课成绩。在"录入成绩"子窗体中，单击"添加记录"按钮，可输入成绩；单击"保存记录"按钮，可以保存输入的成绩。单击"退出"按钮，可结束选课成绩处理过程。

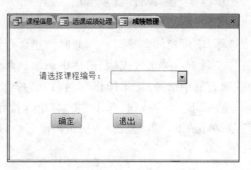

图5.22　"成绩管理"窗体

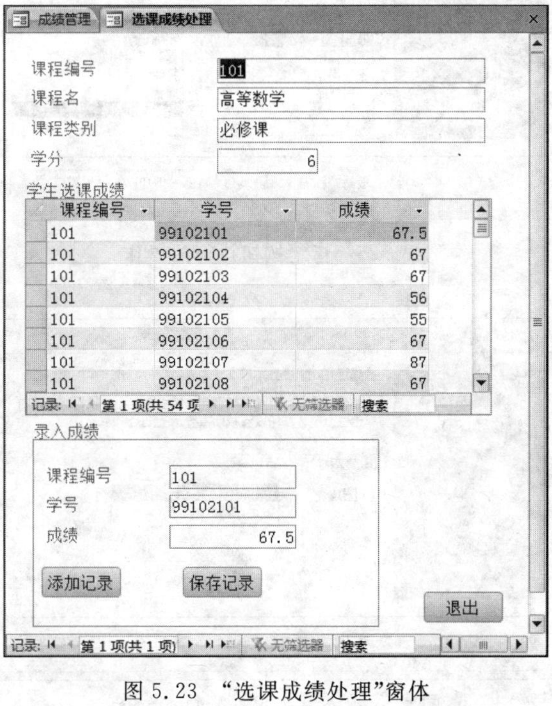

图5.23　"选课成绩处理"窗体

三、操作步骤

步骤 1：利用窗体向导，基于 tGrade 表创建窗体"学生选课成绩"，字段选择"课程编号"、"学号"和"成绩"，窗体布局选择"数据表"，窗体名称为"学生选课成绩"，结果如图 5.24 所示。

步骤 2：通过窗体设计视图，创建"录入成绩"窗体，添加 tGrade 表中的"课程编号"、"学号"和"成绩"字段。

步骤 3：在"设计"选项卡的"控件"组中单击控件列表右侧的 ▾ 按钮，在弹出的菜单

课程编号	学号	成绩
101	99102101	67.5
101	99102102	67
101	99102103	67
101	99102104	56
101	99102105	55
101	99102106	67
101	99102107	87

记录：◀ 第 1 项(共 162 ▶ ▶▶ ▾ 无筛选器   搜索

图 5.24   "学生选课成绩"窗体

中选择"使用控件向导"命令，此时创建命令按钮时会弹出"命令按钮向导"对话框。

步骤 4：在"录入成绩"窗体中添加一命令按钮，弹出"命令按钮向导"对话框，先在"类别"列表框中选择"记录操作"，然后在"操作"列表框中选择"添加新记录"，如图 5.25 所示；单击"下一步"按钮，选中"文本"单选按钮，保持显示文本"添加记录"不变，如图 5.26 所示；单击"下一步"按钮，为按钮指定名称，最后单击"完成"按钮。

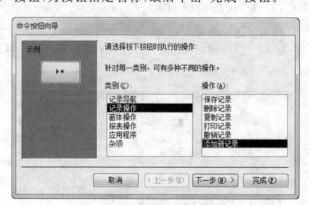

图 5.25   指定按钮执行的操作

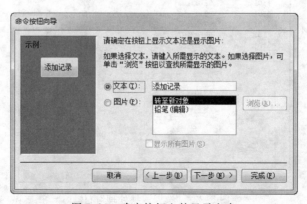

图 5.26   确定按钮上的显示文本

步骤 5：按步骤 4 添加一个"保存记录"按钮，其记录操作选择"保存记录"，显示文本为"保存记录"。

步骤 6：在窗体的属性表中，取消"录入成绩"窗体的滚动条、记录选择器、导航按钮、分隔线。结果如图 5.27 所示。

步骤 7：创建查询"课程信息"作为"选课成绩处理"窗体的数据源，如图 5.28 所示。

图 5.27 "录入成绩"窗体

图 5.28 "课程信息"查询

步骤 8：使用窗体向导创建"选课成绩处理"窗体，在弹出的"窗体向导"对话框中选择数据源"查询：课程信息"，并选定该查询的所有字段，如图 5.29 所示。

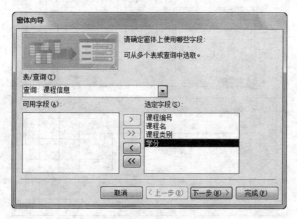

图 5.29 "窗体向导"对话框

步骤 9：将"选课成绩处理"窗体切换到设计视图，在"设计"选项卡的"控件"组中选择"子窗体/子报表"，在窗体设计区域单击，弹出"子窗体向导"对话框；选中"使用现有的窗体"单选按钮，在下面的列表框中选择"学生选课成绩"，如图 5.30 所示。单击"下一步"按钮，在弹出的对话框中指定子窗体的标题为"学生选课成绩，单击"完成"按钮。

步骤 10：按步骤 9 添加"录入成绩"作为"选课成绩处理"的子窗体，然后调整子窗体的位置和大小。

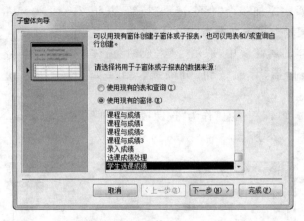

图 5.30   "子窗体向导"对话框

步骤 11：按步骤 4 在"选课成绩处理"窗体中添加一个"退出"按钮，其窗体操作选择"关闭窗体"，显示文本为"退出"，如图 5.31 所示。

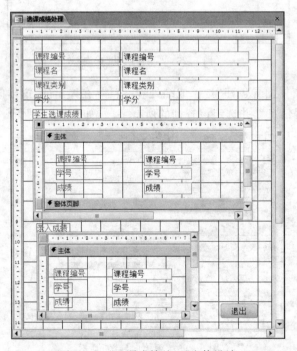

图 5.31   "选课成绩处理"窗体设计

步骤 12：在窗体的属性表中，取消"选课成绩处理"窗体的记录选择器。

步骤 13：创建启动窗体"成绩管理"。在"设计"选项卡的"窗体"组中单击"空白窗体"按钮，创建一空白窗体，保存。

步骤 14：在窗体中添加一个"组合框"控件，弹出"组合框向导"对话框，选中"使用组合框获取其他表或查询中的值"单选按钮；单击"下一步"按钮，在弹出的对话框中选择"表：tCourse"；单击"下一步"按钮，在弹出的对话框中添加字段"课程编号"；单击"下一

步"按钮,设置列表框的内容按"课程编号"升序排列;单击"下一步"按钮,显示组合框中的
内容,调整组合框的宽度,单击"完成"按钮,如图 5.32～5.36 所示。

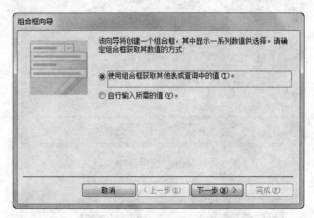

图 5.32　"组合框向导"对话框 1

图 5.33　"组合框向导"对话框 2

图 5.34　"组合框向导"对话框 3

图 5.35　"组合框向导"对话框 4

图 5.36　"组合框向导"对话框 5

步骤 15：设置"成绩管理"窗体的属性，取消滚动条、导航按钮、记录选定器和分隔线。

步骤 16：以设计视图的方式打开查询"课程信息"，右击"课程编号"字段列的"条件"行，在弹出的快捷菜单中选择"生成器"命令，弹出"表达式生成器"对话框，设置筛选条件的表达式为"[tCourse]![课程编号]＝[Forms]![成绩管理]![Combo0]"，如图 5.37 所示。单击"确定"按钮，保存设置。

图 5.37　"表达式生成器"对话框

思考与练习

1. 在素材文件夹下有一个数据库文件 samp13.accdb，其中存在已经设计好的表对象 tAddr 和 tUser，同时还有窗体对象 fEdit 和 fEuser。请在此基础上按照以下要求补充 fEdit 窗体的设计。

（1）将窗体中名称为"LRemark"的标签控件上的文字颜色改为红色（红色代码为255），并将字体粗细改为"加粗"。

（2）将窗体标题设置为"修改用户信息"。

（3）将窗体边框改为"对话框边框"样式，取消窗体中的水平和垂直滚动条、记录选定器、导航按钮和分隔线。

（4）将窗体中"退出"命令按钮（名称为"cmdquit"）上的文字颜色改为棕色（棕色代码为128）、字体粗细改为"加粗"，并给文字添加下划线。

（5）在窗体中还有"修改"和"保存"两个命令按钮，名称分别为"CmdEdit"和"CmdSave"，其中"保存"命令按钮在初始状态为不可用，当单击"修改"按钮后，应使"保存"按钮变为可用。现已编写了部分 VBA 代码，请按照 VBA 代码中的提示将代码补充完整。

要求：修改后运行该窗体，并查看修改结果。

注意：

（1）不能修改窗体对象 fEdit 和 fEuser 中未涉及的控件、属性；不能修改表对象 tAddr 和 tUser。

（2）程序代码只允许在"**********"与"**********"之间的空行内补充一行语句，完成设计，不允许增删和修改其他位置已存在的语句。

2. 在 JCSC 文件夹下有一个数据库文件 samp14.accdb，里面已经设计了表对象 tEmp、查询对象 qEmp 和窗体对象 fEmp 与 brow。同时，给出窗体对象 fEmp 上两个按钮的单击事件代码，请按以下要求补充设计。

（1）修改窗体 brow，取消"记录选定器"和"分隔线"显示，在窗体页眉处添加一个标签控件（名为 Line），标签标题为"线路介绍"，字体名称为隶书、字体大小为18。

（2）将窗体 fEmp 上名称为"tSS"的文本框控件改为组合框控件，控件名称不变，标签标题不变。设置该组合框控件的相关属性，以实现从下拉列表中选择输入性别值"男"和"女"。

（3）将查询对象 qEmp 改为参数查询，参数为窗体对象 fEmp 上组合框 tSS 的输入值。

（4）将窗体对象 fEmp 上名称为"tPa"的文本框控件设置为计算控件。要求依据"党员否"字段值显示相应内容。如果"党员否"字段值为 True，显示"党员"两个字；如果"党员否"字段值为 False，显示"非党员"三个字。

（5）在窗体对象 fEmp 上有"刷新"和"退出"两个命令按钮，名称分别为"bt1"和"bt2"。单击"刷新"按钮，窗体记录源改为查询对象 qEmp；单击"退出"按钮，关闭窗体。现已编写了部分 VBA 代码，请按 VBA 代码中的指示将代码补充完整。

注意：

（1）不要修改数据库中的表对象 tEmp；不要修改查询对象 qEmp 中未涉及的内容；不要修改窗体对象 fEmp 中未涉及的控件和属性。

（2）程序代码只允许在"＊＊＊＊＊Add＊＊＊＊＊"与"＊＊＊＊Add＊＊＊＊＊"之间的空行内补充一行语句，完成设计，不允许增删和修改其他位置已存在的语句。

第6章 报　　表

6.1　经典题解

一、选择题

1. 图 6.1 是某个报表的设计视图。根据视图内容，可以判断出分组字段是_____。

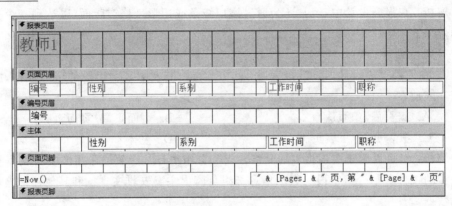

图 6.1　选择题 1 图

    A. 编号和姓名　　　　　B. 编号　　　　　C. 姓名　　　　　D. 无分组字段

解析：由图 6.1 可以看出，在"页面页眉"和"主体"之间有一个"编号页眉"，故该报表的分组字段就是"编号"。

答案：B

2. 要实现报表的分组统计，其操作区域是_____。

    A. 报表页眉或报表页脚区域

    B. 页面页眉或页面页脚区域

    C. 主体区域

    D. 组页眉或组页脚区域

解析：Access 可以根据需要，使用"排序与分组"属性来设置"组页眉/组页脚"区域，以实现报表的分组输出和分组统计。

答案：D

3. 当在一个报表中列出了学生的三门课 a、b、c 的成绩时,若要对每位学生计算三门课的平均成绩,只要设置新添计算控件的控件源为_____。

    A. "(a+b+c)/3"
                B. "=(a+b+c)/3"

    C. "=a+b+c/3"
                 D. 以上表达式均错

解析:计算控件的控件源必须是以"="开头的计算表达式。

答案:B

4. 在关于报表数据源设置的叙述中,以下正确的是_____。

    A. 可以是任意对象
                B. 只能是表对象

    C. 只能是查询对象
               D. 可以是表对象或查询对象

解析:Access 中报表的数据源可以是表对象,也可以是查询对象。

答案:D

5. 在报表设计的工具栏中,用于修饰版面以达到更好显示效果的控件是_____。

    A. 直线和矩形
                B. 直线和圆形

    C. 直线和多边形
               D. 矩形和圆形

解析:在报表设计中,经常还会通过添加线条或矩形来修饰版面,以达到一个更好的显示效果。

答案:A

6. 在使用报表设计器设计报表时,如果要统计报表中某个字段的全部数据,应将计算表达式放在_____。

    A. 组页眉/组页脚
                B. 页面页眉/页面页脚

    C. 报表页眉/报表页脚
               D. 主体

解析:组页眉用于实现报表的分组输出和分组统计。组页眉中主要安排文本框或其他类型的控件显示分组字段等数据信息。组页脚内主要安排文本框和其他控件显示分组统计数据。

页面页眉是用来显示报表中的字段名称或对记录的分组名称,报表的每一页有一个页面页眉。它一般显示在每页的顶端。

页面页脚是打印在每页的底部,用来显示本页的汇总说明,报表的每一页有一个页面页脚。报表页眉中的任何内容都只能在报表开始处,即报表的第一页打印一次。

报表页脚一般是在所有的主体和组页脚被输出完成后才会打印在报表的最后面,显示在每页的底端。

主体是用于打印表或查询中的记录数据,是报表显示数据的主要区域。

答案:A

7. 若要在报表每一页底部都输出信息,需要设置的是_____。

    A. 页面页脚
    B. 报表页脚
    C. 页面页眉
    D. 报表页眉

解析:报表页眉在报表的开始处,用来显示报表的标题、图形或说明文字,每份报表中只有一个报表页眉。页面页眉用来显示报表中的字符名称或对记录的分组名称,报表中的每页有一个页面页眉。页面页脚打印在每页的底部,用来显示本页的汇总说明,报表的每页有一个页面页脚。报表页脚用来显示整份报表的汇总说明,在所有记录都被处理后,只打印在报表的结束处。

答案:A

8. Access 的报表操作提供了三种视图,其中"报表视图"的作用是_____。

    A. 查看报表的页面数据输出形态

    B. 查看报表的版面设置

    C. 创建和编辑报表的结构

    D. 以上都包含

解析:"设计视图"用来创建和编辑报表的结构,"打印预览视图"用于查看报表的页面输出形态,"报表视图"用于查看报表的布局设计。

答案:B

9. 在报表设计时,如果只在报表最后一页的主体内容之后输出规定的内容,则需要设置的是_____。

    A. 报表页眉   B. 报表页脚   C. 页面页眉   D. 页面页脚

解析:报表页眉中的任何内容都只能在报表开始处,即报表的第一页打印一次。报表页脚一般是在所有的主体和组页脚被输出完成后才会打印在报表的结束处。页眉页脚用来显示报表中的字段名称或对记录的分组名称,报表的每一页有一个页面页眉。它一般显示在每页的顶端。页面页脚是打印在每页的底部,用来显示本页的汇总说明,报表的每一页有一个页面页脚。

答案:B

10. 如果要在整个报表的最后输出信息,需要设置_____。

    A. 页面页脚   B. 报表页脚   C. 页面页眉   D. 报表页眉

解析:报表页脚一般是在所有的主体和组页脚被输出完成后才会打印在报表的最后面。

答案:B

11. 可作为报表记录源的是_____。

    A. 表   B. 查询   C. Select 语句   D. 以上都可以

解析:在 Access 数据库中,表、查询和 Select 语句都可以作为报表的数据源。

答案:D

12. 在报表中,要计算"数学"字段最高分,应将控件的"控件来源"属性设置为_____。

    A. =Max([数学])   B. Max(数学)   C. =Max[数学]   D. =Max(数学)

解析:在报表中,计算某字段的最大值,应将控件的"控件来源"属性设置为 =Max([字段名])。

答案:A

二、填空题

1. 报表设计中,可以通过在组页眉或组页脚中创建_____来显示记录的分组汇总数据。

解析:可以使用"排序与分组"属性设置"组页面/组页脚"区域,以实现报表的分组输出和分组统计。组页眉节内主要安排文本框或其他类型控件显示分组字段等数据信息。

答案：文本框或其他类型控件

2. 在报表设计中,可以通过添加_____控件来控制另起一页输出显示。

解析：在报表中,可以在某一节中使用分页控制符来标志要另起一页的位置。

答案：分页控制符

3. 报表记录分组操作时,首先要选定分组字段,在这些字段上值_____的记录数据归为同一组。

解析：报表记录分组操作时,首先要选定分组字段,在这些字段上值相等的记录数据归为同一组。

答案：相等

4. 完整的报表设计通常由_____、_____、_____、_____、_____ 5个部分组成。

解析：打开一个报表"设计"视图,可以看到报表结构的组成部分。

答案：报表页眉　页面页眉　主体　页面页脚　报表页脚

5. 目前比较流行的4种报表,它们是_____、_____、_____和_____。

解析：这是报表的4种主要类型。

答案：纵栏式报表　表格式报表　图表报表　标签报表

6. 在Access中"自动创建报表"向导分为：_____和_____两种。

解析：打开数据库,选择"报表"对象,单击"新建"按钮,在弹出的"新建报表"对话框中可以看到有"自动创建报表：纵栏式"和"自动创建报表：表格式"两种自动创建报表形式。

答案：纵栏式　表格式

7. 报表页眉的内容只在报表的_____打印输出,页面页眉的内容在报表的_____打印输出,报表页脚的内容只在报表的_____打印输出,页面页脚的内容在报表的_____打印输出。

解析：一般说来,报表页眉主要用在封面,页面页脚用在每一页上,报表页脚出现在报表的最后面,页面页脚主要出现在末页的底部。

答案：第一页顶部　每页顶部　最后一页数据末尾　每页底部

6.2　同步自测

一、选择题

1. 以下关于报表组成的叙述中错误的是_____。

A. 打印在每页的底部,用来显示本页的汇总说明的是页面页脚

B. 报表显示数据的主要区域叫作主体

C. 用来显示报表中的字段名称或对记录的分组名称的是报表页眉

D. 用来显示整份报表的汇总说明,在所有记录都被处理后,只打印在报表的结束

处的是报表页脚

2. 以下叙述正确的是_____。

　　A. 报表只能输入数据　　　　　　　　　B. 报表只能输出数据

　　C. 报表可以输入和输出数据　　　　　　D. 报表不能输入和输出数据

3. 要实现报表的分组设计,其操作区域是_____。

　　A. 报表的页眉或报表的页脚区域　　　　B. 页面页眉或页面页脚区域

　　C. 主体区域　　　　　　　　　　　　　D. 组页眉或组页脚区域

4. 关于报表的数据源设置,以下说法正确的是_____。

　　A. 可以是任意对象　　　　　　　　　　B. 只能是表对象

　　C. 只能是查询对象　　　　　　　　　　D. 只能是表对象或查询对象

5. 要设置只在报表的最后一页主体内容之后输出的信息,需要设置_____。

　　A. 报表页眉

　　B. 报表页脚

　　C. 只能是查询对象

　　D. 只能是表对象或查询对象

6. 在报表设计中,以下可以作绑定控件显示字段数据的是_____。

　　A. 文本框　　　　　　B. 标签　　　　　　C. 命令按钮　　　　D. 图像

7. 要设置在报表每一页的底部都输出信息,需要设置_____。

　　A. 报表页眉　　　　　B. 报表页脚　　　　C. 页面页眉　　　　D. 页面页脚

8. 要设置在报表每一页的顶部都输出的信息,需要设置的是_____。

　　A. 报表页眉　　　　　B. 报表页脚　　　　C. 页面页眉　　　　D. 页面页脚

9. 要实现报表按某字段分组统计输出,需要设置_____。

　　A. 报表页脚　　　　　B. 该字段组页脚　　C. 主体　　　　　　D. 页面页脚

10. 用来查看报表的页面数据输出形态的视图是_____。

　　A. "打印预览"视图　　　　　　　　　　B. "设计"视图

　　C. "版面预览"视图　　　　　　　　　　D. "报表预览"视图

11. 下列不属于报表的 4 种类型的是_____。

　　A. 纵栏式报表　　　　　　　　　　　　B. 数据表报表

　　C. 图表报表　　　　　　　　　　　　　D. 表格式报表

12. 要显示格式为"页码/总页数"的页码,应当设置文本框的控件来源属性为_____。

　　A. [Page]/[Pages]　　　　　　　　　　B. =[Page]/[Pages]

　　C. [Page]& "/" &[Pages]　　　　　　　D. =[Page]& "/" &[Pages]

13. 如果设置报表上某个文本框的控件来源属性为"=2*3+1",则打开报表视图时,该文本框显示的信息是_____。

　　A. 未绑定　　　　　　B. 7　　　　　　　C. 2*3+1　　　　　D. 出错

二、填空题

1. 在 Access 中,报表设计时分页符以 __(1)__ 标志显示在报表的左边界上。

2. Access 报表对象的数据源可以设置为　(2)　。

3. 报表不能对数据源中的数据　(3)　。

4. 报表数据输出不可缺少的内容是　(4)　的内容。

5. 计算控件的控件来源属性一般设置为以　(5)　开头的计算表达式。

6. 要在报表上显示格式为"4/总 15 页"的页码,则计算控件的控件来源应该设置为　(6)　。

7. 要设计出带表格线的报表,需要向报表中添加　(7)　控件完成表格线显示。

8. Access 的报表要实现排序和分组统计操作,应该通过设置　(8)　属性来进行。

6.3　上机实验

实验 1　创建"职工销售报表"

一、实验目的

(1) 掌握"报表向导"的使用。

(2) 掌握分组与排序的使用方法。

二、实验内容

在数据库 samp10.accdb 中创建"职工销售报表",统计每个员工的销售总量,如图 6.2 所示。

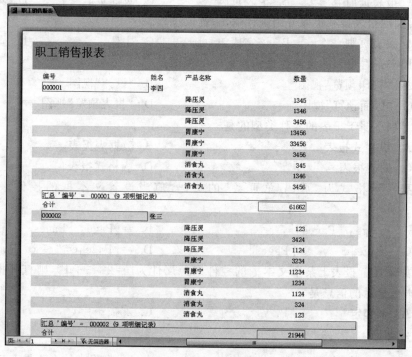

图 6.2　职工销售报表

三、操作步骤

步骤 1：打开数据库 samp10. accdb，在"创建"选项卡的"报表"组中单击"报表向导"按钮 报表向导。

步骤 2：打开"报表向导"对话框，分别添加"职工表"中的"编号"和"姓名"字段，"物品表"中的"产品名称"字段，"销售业绩表"中的"数量"字段，如图 6.3 所示。

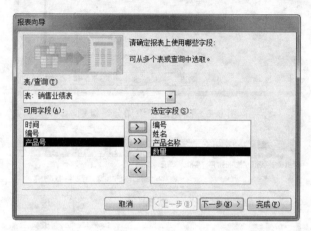

图 6.3 添加字段

步骤 3：单击"下一步"按钮，选择"通过 职工表"作为数据的查看方式，如图 6.4 所示。

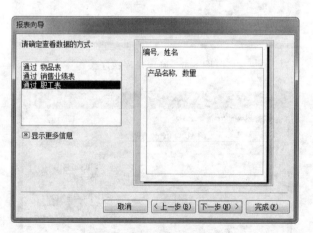

图 6.4 确定查看数据的方式

步骤 4：单击"下一步"按钮，确定是否添加分组级别，这里不需要添加，直接单击"下一步"按钮，如图 6.5 所示。

步骤 5：选择按"产品名称"升序排列，如图 6.6 所示。

步骤 6：单击"汇总选项"按钮，打开"汇总选项"对话框，勾选"汇总"下面的复选框，如图 6.7 所示。单击"确定"按钮，返回如图 6.5 所示的对话框。

图 6.5 确定是否添加分组级别

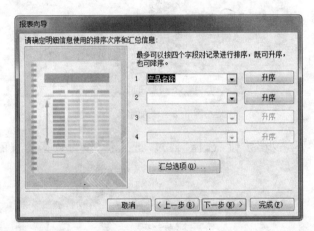

图 6.6 确定排序次序

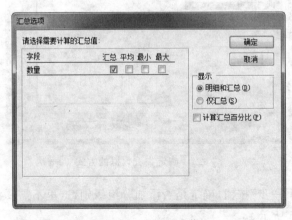

图 6.7 选择汇总值

步骤 7：单击"下一步"按钮，为报表指定标题为"职工销售报表"，如图 6.8 所示。最后单击"完成"按钮即可。

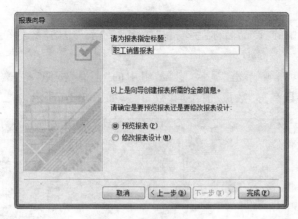

图 6.8 指定标题

实验 2 创建图表"产品销售数据统计报表"

一、实验目的
(1) 掌握使用设计视图创建报表的方法。
(2) 掌握在报表中添加图表的方法。

二、实验内容
在数据库 samp10. accdb 中创建"产品销售数据统计报表",统计各种产品的销售数量,如图 6.9 所示。

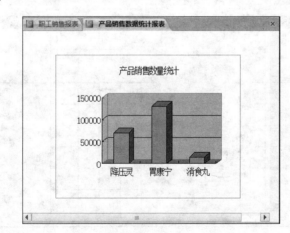

图 6.9 产品销售数据统计报表

三、操作步骤
步骤 1:打开数据库 samp10. accdb。
步骤 2:创建"产品销售数量统计"查询,统计各种产品的销售总量。
① 在"创建"选项卡的"查询"组中单击"查询设计"按钮。
② 弹出"显示表"对话框,双击添加"物品表"、"销售业绩表"和"职工表",然后关闭对

话框。

③ 将"物品表"中的"产品名称"字段和"销售业绩表"中的"数量"字段添加到"字段"行中。

④ 在"设计"选项卡中单击"显示/隐藏"组中的"汇总"按钮,将"数量"字段列的总计设置为"合计",在字段名称"数量"前添加"数量:",如图 6.10 所示。

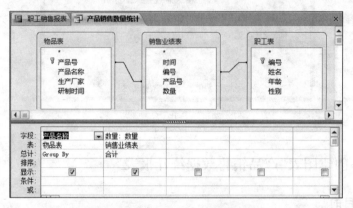

图 6.10　"产品销售数量统计"查询

步骤 3：在"创建"选项卡的"报表"组中单击"报表设计"按钮,打开报表的设计视图,右击,在弹出的快捷菜单中选择"页面页眉/页脚"命令,如图 6.11 所示。这时设计视图中就只有"主体"节了。

图 6.11　"产品销售数量统计"查询

步骤 4：在"设计"选项卡的"控件"组中选择"图表"控件,单击鼠标左键,在"主体"节区中拖出一个矩形,弹出"图表向导"对话框。

步骤 5：选中"查询"单选按钮,然后选择用于创建图表的查询"产品销售数量统计",如图 6.12 所示。

步骤 6：单击"下一步"按钮,添加所有可用的字段,如图 6.13 所示。

图 6.12 选择用于创建图表的查询

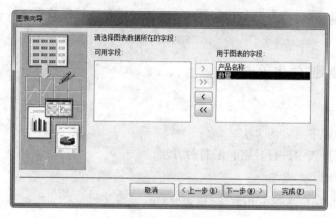

图 6.13 添加字段

步骤 7：单击"下一步"按钮，选择"三维柱形图"作为图表的类型，如图 6.14 所示。

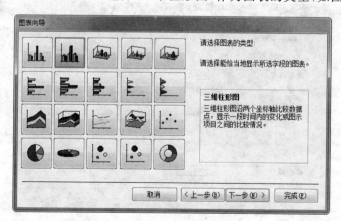

图 6.14 选择图表的类型

步骤 8：单击"下一步"按钮，指定图表的数据布局方式，这里采用默认的方式，如图 6.15 所示。

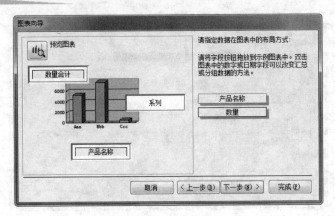

图 6.15 指定数据的布局方式

步骤 9：单击"下一步"按钮，指定图表的标题为"产品销售数据统计报表"，单击"完成"按钮。

实验 3 创建"学生子报表"

一、实验目的

(1) 掌握创建子报表的方法。

(2) 掌握在报表中进行分组和汇总的方法。

二、实验内容

在数据库 samp15.accdb 中有一"课程"报表。

(1) 在"课程"报表中添加"学生子报表"，在子报表中显示学号、学生姓名和成绩字段，结果如图 6.16 所示。

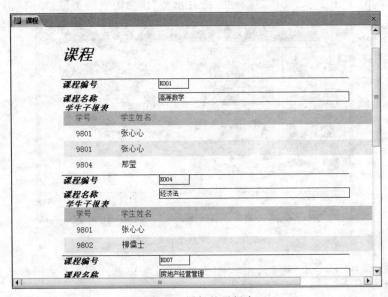

图 6.16 添加的子报表

（2）在"学生子报表"中添加标签为"平均分"，标签与控件的名称分别为"Label_平均分"及"Text_平均分"的计算控件，显示每门课程的平均分（注意每个子报表仅显示一次平均分）。

三、操作步骤

（1）【操作步骤】

步骤1：打开samp15.accdb数据库，在导航窗格中右击"课程"报表，从弹出的快捷菜单中选择"设计视图"命名，以设计视图的方式打开"课程"报表。

步骤2：在"设计"选项卡的"控件"组中选择"子窗体/子报表"控件，在窗体处拖曳出一个矩形框，弹出"子报表向导"对话框，选中"使用现有的表和查询"单选按钮，如图6.17所示。

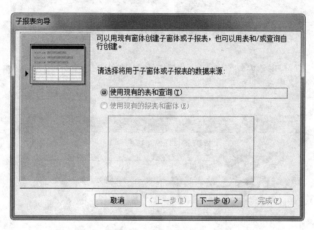

图6.17　"子报表向导"对话框

步骤3：单击"下一步"按钮，添加"学生"表中的"学号"和"学生姓名"字段，以及"课程成绩"表中的"成绩"字段，如图6.18所示。

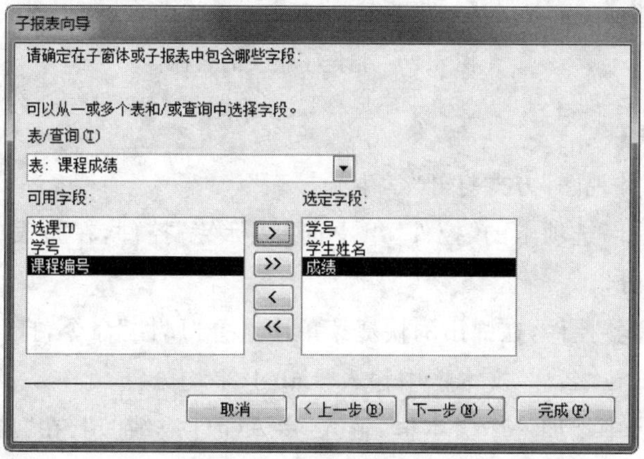

图6.18　添加字段

步骤4：单击"下一步"按钮，确定将主窗体链接到子窗体的字段，如图6.19所示。

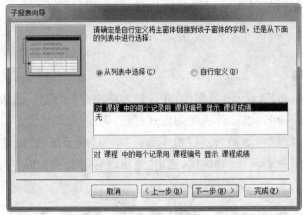

图6.19　确定主/子窗体的链接字段

步骤5：单击"下一步"按钮，指定子报表的名称为"学生子报表"，如图6.20所示。最后单击"完成"按钮。

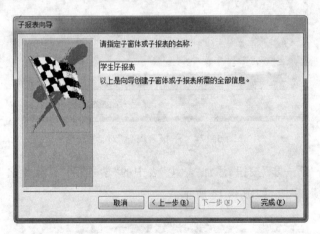

图6.20　指定子报表的名称

（2）【操作步骤】

步骤1：以"设计视图"方式打开"学生子报表"。

步骤2：在"设计"选项卡的"控件"组中选择"标签"控件，在报表中拖曳出一个矩形框，输入标题"平均分"。

步骤3：右击标签控件，在弹出的快捷菜单中选择"属性"命令，打开"属性表"窗格；切换到"其他"选项卡，在"名称"文本框中输入"Label_平均分"。

步骤4：在报表中添加一个文本框，输入"=Avg（[成绩]）"，在"属性表"窗格中将其名称修改为"Text_平均分"，如图6.21所示。

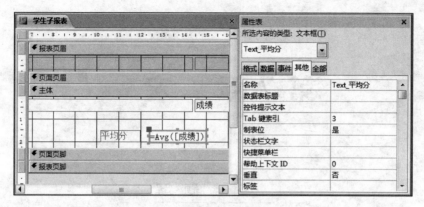

图 6.21　添加的文本框和标签

思考与练习

在素材文件夹中有一个数据库文件 samp16.accdb，里面已经设计好表对象 tBorrow、tReader 和 tBook，查询对象 qT，窗体对象 fReader，报表对象 rReader 和宏对象 rPt。请在此基础上按以下要求补充设计。

（1）在报表 rReader 的报表页眉节区内添加一个标签控件，其名称为"bTitle"，标题显示为"读者借阅情况浏览"，字体名称为"黑体"，字体大小为 22，并将其安排在距上边 0.5cm、距左侧 2cm 的位置。

（2）设计报表 rReader 的主体节区为 tSex 文本框控件，设置数据来源显示性别信息，并要求按"借书日期"字段升序显示，"借书日期"的显示格式为"长日期"形式。

第7章 宏

7.1 经典题解

一、选择题

1. 能被"对象所识别的动作"和"对象可执行的活动"分别称为对象的_____。

    A. 方法和事件　　B. 事件和方法　　C. 事件和属性　　D. 过程和方法

解析：事件是 Access 窗体或报表及其上的控件等对象可以"辨识"的动作；方法描述了对象的行为。

答案：B

2. 为窗体或报表上的控件设置属性值的正确宏操作命令是_____。

    A. Set　　　　　B. SetData　　　　C. SetWarnings　　D. SetValue

解析：在 Access 的宏中，SetValue 命令是用来设置属性值的。

答案：D

3. 使用宏组的目的是_____。

    A. 设计出功能复杂的宏

    B. 设计出包含大量操作的宏

    C. 减少程序内存消耗

    D. 对多个宏进行组织和管理

解析：宏可以是包含操作序列的一个宏，也可以是一个宏组。如果设计时有很多的宏，将其分类到不同的宏组中会有助于数据库的管理。

答案：D

4. 图 7.1 显示的是宏对象 m1 的操作序列设计。

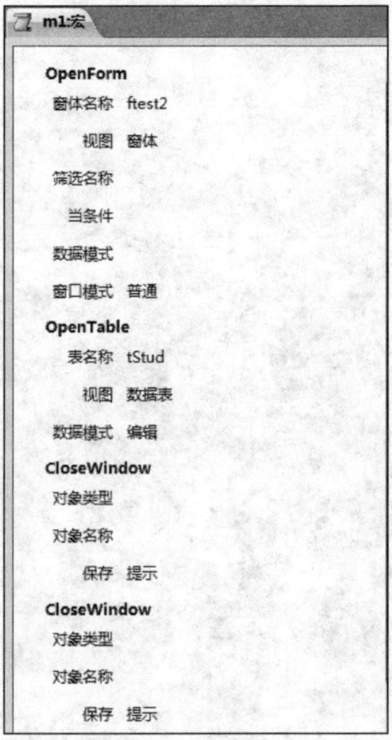

假定在宏 m1 的操作中涉及的对象均存在，现将设计好的宏 m1 设置为窗体 fTest1 上某个命令按钮的单击事件属性，则打开窗体 fTest1 运行后，单击该命令按钮，会启动宏 m1 的运行。宏 m1 运行后，前两个操作会先后打开窗体对象 fTest2 和表对象 tStud。那么执行 Close 操作后，会_____。

图 7.1　选择题 4 图

A. 只关闭窗体对象 fTest1

B. 只关闭表对象 tStud

C. 关闭窗体对象 fTest2 和表对象 tStud

D. 关闭窗体 fTest1 和 fTest2 及表对象 tStud

解析：宏操作的打开与关闭顺序是先打开后关闭。在执行第一个 Close 时关闭表 tStud,执行第二个 Close 时关闭窗体 fTest2。

答案：C

5. 在宏的调试中,可配合使用设计器上的工具按钮_____。

A. "调试"　　　　B. "条件"　　　　C. "单步"　　　　D. "运行"

解析：在 Access 系统中提供了"单步"执行的宏调试工具,使用单步跟踪执行,可以观察宏的流程和每一个操作的结果,从中发现并排除出现问题和错误的操作。

答案：C

6. 以下是宏 m 的操作序列设计:

条件	操作序列	操作参数
	MsgBox	消息为"AA"
[tt>1]	MsgBox	消息为"BB"
…	MsgBox	消息为"CC"

现设置宏 m 为窗体 fTest 上名为 bTest 命令按钮的单击事件属性,打开窗体 fTest 运行后,在窗体上名为"tt"的文本框内输入数字 1,然后单击命令按钮 bTest,则_____。

A. 屏幕会先后弹出三个消息框,分别显示消息"AA"、"BB"、"CC"

B. 屏幕会弹出一个消息框,显示消息"AA"

C. 屏幕会先后弹出两个消息框,分别显示消息"AA"和"BB"

D. 屏幕会先后弹出两个消息框,分别显示消息"AA"和"CC"

解析：由于消息"AA"和"CC"都没有设置条件,而消息"BB"设置的条件为[tt>1]。所以,打开窗体 fTest 运行后,在窗体上名为"tt"的文本框内输入数字 1,不符合信息"BB"的条件,因此不会显示"BB"而显示没有设置条件的消息"AA"和"CC"。

答案：D

7. 在窗体中添加了一个文本框和一个命令按钮(名称分别为 tText 和 bCommand),并编写了相应的事件过程。运行此窗体后,在文本框中输入一个字符,则命令按钮上的标题变为"计算机等级考试"。以下能实现上述操作的事件过程是_____。

A. Private　Sub　bCommand_Click( )

　　　　Caption="计算机等级考试"

　　 End　Sub

B. Private　Sub　tText_Click( )

　　　　bCommand. Caption="计算机等级考试"

　　 End　Sub

C. Private Sub bCommand_Change( )
    Caption="计算机等级考试"
End Sub

D. Private Sub tText_Change( )
    bCommand.Caption="计算机等级考试"
End Sub

解析：题目要求在对文本框操作后，命令按钮上的标题改变，所以选项 A 和 C 都可以排除。选项 B 中，"tText_Click( )"是在鼠标单击文本框后，不需要输入字符，命令按钮上的标题就发生改变，所以选项 B 也不对。

答案：D

8. 在一个数据库中已经设置了自动宏 AutoExec，如果在打开数据库的时候不想执行这个自动宏，正确的操作是_____。

    A. 用 Enter 键打开数据库   B. 打开数据库时按住 Alt 键
    C. 打开数据库时按住 Ctrl 键   D. 打开数据库时按住 Shift 键

解析：开发人员常常使用 Autoexec 宏来自动操作一个或多个 Access 数据库，但 Access 不提供任何内置的方法来有条件地避开这个 Autoexec 宏，不过可以在启动数据库时按住 Shift 键来避开运行这个宏。

答案：D

9. 假设某数据库已建有宏对象"宏 1"，"宏 1"中只有一个宏操作 SetValue，其中第一个参数项目为"[Label0].[Caption]"，第二个参数表达式为"[Text0]"。窗体 fmTest 中有一个标签 Label0 和一个文本框 Text0，现设置控件 Text0 的"更新后"事件为运行"宏1"，则结果是_____。

    A. 将文本框清空

    B. 将标签清空

    C. 将文本框中的内容复制给标签的标题，使二者显示相同内容

    D. 将标签的标题复制到文本框，使二者显示相同内容

解析：SetValue 命令可以对 Access 窗体、窗体数据表或报表上的字段、控件、属性的值进行设置。SetValue 命令有两个参数，第一个参数是项目(Item)，作用是存放要设置值的字段、控件或属性的名称。本题要设置的属性是标签的 Caption([Label0].[Caption])。第二个参数是表达式(Expression)，使用该表达式来对项目的值进行设置，本题的表达式是文本框的内容([Text0])，所以对 Text0 更新后运行的结果是将文本框的内容复制给了标签的标题。

答案：C

10. 打开查询的宏操作是_____。

    A. OpenForm   B. OpenQuery   C. OpenTable   D. OpenModule

解析：Access 中有五十多个可选的宏操作命令，其中 OpenQuery 用于打开查询。

答案：B

11. 宏操作 SetValue 可以设置_____。

    A. 窗体或报表控件属性   B. 刷新控件数据

    C. 字段的值   D. 当前系统的时间

解析：Access 中有五十多个可选的宏操作命令，其中 SetValue 用于设置属性值。

答案：A

12. 为窗体或报表上的控件设置属性值的正确宏操作命令是_____。

    A. Set   B. SetData   C. SetWarnings   D. SetValue

解析：在 Access 的宏中，SetValue 命令是用来设置属性值的。

答案：D

二、填空题

1. 有多个操作构成的宏，执行时是按_____执行的。

解析：有多个操作构成的宏，执行时是按操作的排列次序来执行的。

答案：宏的排列次序

2. VBA 的自动运行宏，必须命名为_____。

解析：被命名为 AutoExec 保存的宏，在打开该数据库时会自动运行。

答案：AutoExec

3. 打开一个表应该使用的宏操作是_____。

解析：Access 中，打开一个数据表的宏操作是 OpenTable。

答案：OpenTable

4. 某窗体中有一命令按钮，在窗体视图中单击此命令按钮打开一个查询，需要执行的操作是_____。

解析：Access 中，提供了五十多个可选的宏操作，打开查询的宏操作 OpenQuery。

答案：OpenQuery

5. 如果希望按满足指定条件执行宏中的一个或多个操作，这类宏称为_____。

解析：在数据处理过程中，如果希望只是满足指定条件执行宏的一个或多个操作，可以使用条件来控制这种流程。使用了这种控制的宏称为条件操作宏。

答案：条件操作宏

6. 用于执行指定 SQL 语句的宏操作是_____。

解析：宏的运行方法之一是使用 Docmd 对象的 RunMacro 方法，从 VBA 代码过程中运行。宏的操作命令 RunSQL 用于执行指定的 SQL 语句。

答案：Docmd. RunSQL

7.2 同步自测

一、选择题

1. 在条件宏设计时，对于连续重复的条件，可以代替的符号是_____。

    A. …   B. =   C. ，   D. ；

2. 在一个宏的操作序列中,如果既包含带条件的操作,又包含无条件的操作,则带条件的操作是否执行取决于条件式的真假,而没有指定条件的操作则会_____。

    A. 无条件执行   B. 有条件执行   C. 不执行   D. 出错

3. 能够创建宏的设计器是_____。

    A. 窗体设计器   B. 报表设计器   C. 表设计器   D. 宏设计器

4. 要限制宏命令的操作范围,可以在创建宏时定义_____。

    A. 宏操作对象   B. 宏条件表达式

    C. 窗体或报表属性   D. 宏操作目标

5. 在宏的表达式中要引用报表 test 上的控件 txtName 的位置,可以使用引用式_____。

    A. txtName   B. test! txtName

    C. Report! Test! txtName   D. Report! txtName

6. VBA 的自动运行宏,应当命名为_____。

    A. AutoExec   B. Autoexe

    C. Auto   D. AutoExec. bat

7. 为窗体或报表上的控件设置属性值的宏命名是_____。

    A. Echo   B. Msgbox   C. Beep   D. SetValue

8. 有关宏操作,以下叙述错误的是_____。

    A. 宏的条件表达式中不能引用窗体或报表的属性值

    B. 所有宏操作都可转换为相应的模块代码

    C. 使用宏可以启动其他应用程序

    D. 可以应用宏组来管理相关的一系列宏

9. 创建条件宏的时候,如果需要在条件表达式中引用窗体 Form 中控件 Ng 控件值,应该使用的表达式是_____。

    A. Form![Ng]   B. [forms]![form]![Ng]

    C. [report]![form]![Ng]   D. Ng

10. 查找满足条件的第一条记录的宏操作是_____。

    A. Requery   B. FindRecord

    C. FindNext   D. GotoRecord

二、填空题

1. 宏是一个或多个 __(1)__ 的集合。

2. 如果要引用宏组中的宏,采用的语法是 __(2)__ 。

3. 如果要建立一个宏,希望执行该宏后,首先打开一个表,然后打开一个窗体,那么在该宏中应该使用__(3)__ 和 __(4)__ 两个操作命名。

7.3 上机实验

实验1 使用"宏"验证登录信息

一、实验目的

(1) 熟悉宏设计窗口。

(2) 掌握宏的创建过程和运行方法。

(3) 掌握条件宏和宏组的创建方法。

二、实验内容

在数据库 samp12.accdb 中创建一个"登录失败"窗体和"系统登录"窗体,如图 7.2 和图 7.3 所示。在"登录失败"窗体中添加素材文件夹中的图片"哭脸.jpg"。在系统登录时,选择用户类型并输入密码,单击"登录"按钮,系统会对密码进行验证,如果通过验证,对于管理员打开 tEmployee 表,对于普通用户打开 fEmployee 窗体;如果没有通过,则打开"登录失败"窗体;单击"退出"按钮,则关闭"系统登录"窗体。

图 7.2 "登录失败"窗体

图 7.3 "系统登录"窗体

创建"登录"宏,用于验证密码、打开 tEmployee 表和 fEmployee 窗体;创建"退出"宏,用于关闭"系统登录"窗体。

说明:用户分为管理员和普通用户,管理员对应的密码为 admin,普通用户对应的密码为 user。

三、操作步骤

步骤1:打开数据库 samp12.accdb,创建一空白窗体,保存为"登录失败";在窗体中添加一个"标签"控件,输入标题"登录失败!",标题文本字体为黑体,字号为 18;添加一个"图像"控件,弹出"插入图片"对话框,选择素材文件夹中的图片"哭脸.jpg",单击"确定"按钮;然后调整图像和标签的位置。

步骤2:创建一空白窗体,保存为"系统登录";在窗体中添加一个名为 comboUser 的"组合框"控件,将前面的标签标题改为"用户:","行来源"属性设置为""管理员";"普通用户"",如图 7.4 所示;添加一个"文本框"控件,将前面的标签标题改为"密码:",输入掩码设置为"密码",并命名为 txtPass;添加两个命令按钮,标题改为"登录"和"退出",重新命名为 cmdLog 和 cmdExit;然后调整控件的位置。

图 7.4 "系统登录"窗体设计

步骤3：创建"登录"宏。在"创建"选项卡的"宏与代码"组中单击"宏"按钮，打开宏设计窗口。在下拉列表中选择If，如图7.5所示。

步骤4：打开如图7.6所示的窗口，在If文本框中输入条件"[comboUser]＝"管理员" And [txtPass]＝"admin""；然后添加操作OpenTable，在"表名称"下拉列表中选择tEmployee，如图7.7所示。

图 7.5 选择宏操作

图 7.6 设置条件

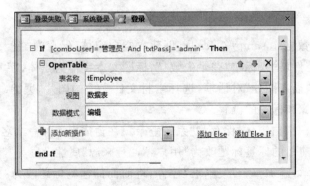

图 7.7 添加 OpenTable 操作

步骤 5：单击"添加 Else"按钮，添加操作 OpenForm，在"窗体名称"下拉列表中选择"登录失败"，如图 7.8 所示。

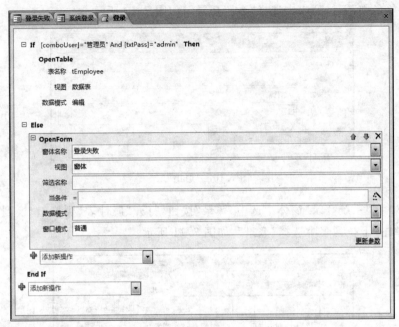

图 7.8 添加 OpenForm 操作

步骤 6：按照步骤 4、5，为普通用户设置登录验证宏操作，If 条件为"[comboUser]="普通用户" And [txtPass]="user""，结果如图 7.9 所示。

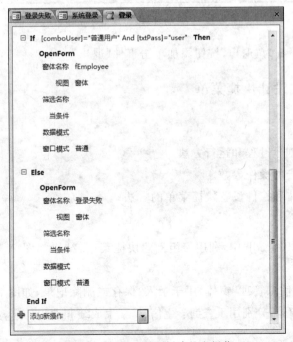

图 7.9 用普通用户创建的宏操作

步骤7：创建"退出"宏。在"创建"选项卡的"宏与代码"组中单击"宏"按钮,打开宏设计窗口。在下拉列表中选择操作CloseWindow,然后在"对象类型"下拉列表中选择"窗体",在"对象名称"下拉列表中选择"系统登录",如图7.10所示。

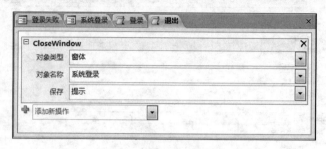

图7.10　"退出"宏

步骤8：在"系统登录"窗体中选中"登录"按钮,打开"属性表"窗格,切换到"事件"选项卡,在"单击"下拉列表中选择"登录",如图7.11所示。

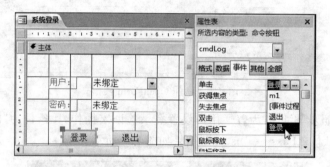

图7.11　为"登录"按钮设置单击事件

步骤9：按步骤8为"退出"按钮添加单击事件"退出"。

实验2　用宏设计快捷菜单

一、实验目的

(1) 掌握宏的创建过程和运行方法。

(2) 学会设置宏的操作参数。

(3) 掌握为窗体和控件设置快捷菜单的方法

二、实验内容

在数据库samp9.accdb中,利用宏组创建快捷菜单,结果如图7.12所示。具体要求如下。

(1) 创建"学生信息管理"窗体,用于录入、保存或删除记录,如图7.13所示。

(2) 创建三个窗体,分别用于查询学生信息、学生成绩和课程信息,如图7.14～图7.16所示。

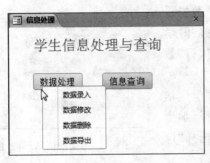
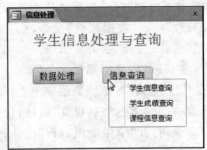

图 7.12　用宏组创建快捷菜单

图 7.13　"学生信息管理"窗体

图 7.14　"学生信息查询"窗体　　　　　图 7.15　"学生成绩查询"窗体

（3）在"数据处理"右键快捷菜单中选择"数据录入"、"数据修改"或者"数据删除"命令，都会打开"学生信息管理"窗体；选择"数据导出"命令，则执行"数据导出"宏，将 tStud 表导出到 Excel 表。

（4）在"信息查询"右键快捷菜单中选择"学生信息查询"命令，打开"学生信息查询"窗体；选择"学生成绩查询"命令，打开"学生成绩查询"窗体；选择"课程信息查询"命令，打开"课程信息查询"窗体。

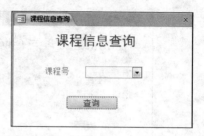

图 7.16   "课程信息查询"窗体

三、操作步骤

步骤 1：打开数据库 samp9.accdb，利用窗体向导，选择 tStud 表作为数据源，创建一名为"学生信息管理"的窗体；打开窗体的设计视图，将窗体标题改为"学生信息管理"，设置标题文字的格式为：宋体、24 号、红色、加粗。

步骤 2：使用控件向导在"学生信息管理"窗体中添加三个命令按钮，分别用于添加记录、修改记录和删除记录。提示：修改记录操作是通过保存记录来实现的。

步骤 3：创建一名为"学生信息查询"的空白窗体；添加一个标签，输入标题"学生信息查询"，设置标题文本的格式为：宋体、18 号、红色、加粗、居中对齐；使用控件向导添加一个组合框，选择 tStud 表中"学生编号"作为组合框的列。

步骤 4：按步骤 3 创建"学生成绩查询"和"课程信息查询"窗体。

步骤 5：创建"数据处理快捷菜单"宏组。在"创建"选项卡的"宏与代码"组中单击"宏"按钮，打开宏设计窗口。

步骤 6：选择宏操作 Submacro，输入子宏名"数据录入"，选择子宏的操作为 OpenForm，如图 7.17 所示。

步骤 7：选择"窗体名称"为"学生信息管理"，这样，子宏"数据录入"就设置完成，结果如图 7.18 所示。

图 7.17   选择子宏的操作

图 7.18   "数据录入"子宏

步骤 8：按步骤 6、7 创建"数据修改"子宏和"数据删除"子宏，宏操作都是打开"学生信息管理"窗体。

步骤 9：创建"数据导出"子宏。选择宏操作 Submacro，输入子宏名"数据导出"，然后选择子宏的操作 ExportWithFormatting；在"对象类型"下拉列表中选择"表"，在"对象名称"下拉列表中选择 tStud，在"输出格式"下拉列表中选择"Excel 工作簿（＊.xlsx）"，在"输出文件"文本框中输入"学生信息"，如图 7.19 所示。

步骤 10：将创建的宏组保存为"数据处理快捷菜单"。

步骤 11：按步骤 6～8 创建"信息查询快捷菜单"宏组，子宏操作分别是打开窗体"学生信息查询"、"学生成绩查询"和"课程信息查询"，结果如图 7.20 所示。

图 7.19 "数据导出"子宏

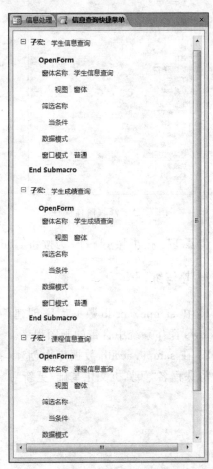

图 7.20 "信息查询快捷菜单"宏组

步骤 12：创建"信息处理"窗体，添加一个标签，输入标题"学生信息处理与查询"；添加两个按钮"数据处理"和"信息查询"。

步骤 13：创建"信息处理"窗体，添加一个标签，输入标题"学生信息处理与查询"；添加两个按钮"数据处理"和"信息查询"，分别命名为 cmdData 和 cmdInfo。

步骤 14：在导航窗格中选择建立的"数据处理快捷菜单"宏组，并单击"数据库工具"

选项卡下的"用宏创建快捷菜单"按钮(如果在自己的"数据库工具"选项卡下找不到该功能,可以在"自定义功能"中添加该命令)。

步骤15:进入"信息处理"窗体的设计视图,打开"属性表"窗格,在"所选内容的类型"下拉列表框中选择"窗体",切换到"其他"选项卡,在"快捷菜单"下拉列表中选择"是",如图 7.21 所示。

步骤16:在"属性表"窗格的"所选内容的类型"下拉列表框中选择 cmdData,在"快捷菜单栏"下拉列表中选择"数据处理快捷菜单",如图 7.22 所示。

图 7.21　修改窗体属性

图 7.22　修改按钮属性

步骤17:按步骤 14~16 为按钮 cmdInfo 添加快捷菜单栏"信息查询快捷菜单"。

思考与练习

1. 在 samp8.accdb 数据库中创建一个"画图程序"宏,要求执行该宏时,能够运行 Windows 操作系统中自带的画图程序。

2. 在 samp9.accdb 数据库中创建一个"数据更新"宏,要求执行该宏时,在 tCourse 表中将课程名"计算机文化基础"更新为"计算机应用基础"。

第8章 VBA 编程基础

8.1 经典题解

一、选择题

1. 假定有以下循环结构

```
Do  Until  条件
      循环体
Loop
```

则正确的叙述是_____。

    A. 如果"条件"值为 0,则一次循环体也不执行

    B. 如果"条件"值为 0,则至少执行一次循环体

    C. 如果"条件"值不为 0,则至少执行一次循环体

    D. 不论"条件"是否为"真",至少要执行一次循环体

解析： Do…Until…Loop 循环结构中,当条件值为假时,重复执行循环体,直至条件值为真,结束循环。所以,如果条件值为 0,则至少执行一次循环体。

答案： B

2. 窗体上添加有三个命令按钮,分别命名为 Command1、Command2 和 Command3。编写 Command1 的单击事件过程,完成的功能为：当单击按钮 Command1 时,按钮 Command2 可见,按钮 Command3 不可见。以下正确的是_____。

    A. Private Sub Command1_Click( )

        Command2. Visible＝True

        Command3. Visible＝False

    End Sub

    B. Private Sub Command1_Click( )

        Command2. Enabled＝True

        Command3. Enabled＝False

    End Sub

    C. Private Sub Command1_Click( )

        Command2. Enabled＝True

        Command3. Visible＝False

    End Sub

  D. Private Sub Command1_Click( )

    Command2. Visible＝True

    Command3. Enabled＝False

  End Sub

  解析：Enabled 属性是用于判断控件是否可用的,而 Visible 属性是用于判断控件是否可见的。题目中要求 Command2 可见,而 Command3 不可见,则必须设置 Command2 的 Enabled 为 True,并且设置 Command3 的 Visible 为 False。

  答案：C

  3. 假定有以下程序段

```
n=0
for i=1 to 3
    for j=-4 to -1
        n=n+1
    next j
next i
```

运行完毕后,n 的值是_____。

  A. 0   B. 3   C. 4   D. 12

  解析：本题中,外层循环从 1 到 3,要执行三次,而内层循环从 －4 到 －1,执行四次,所以一共执行了 4×3＝12 次循环。而每执行一次循环 n 就加 1,所以最后 n 的值为 12。

  答案：D

  4. 下列逻辑表达式中,能正确表示条件"x 和 y 都是奇数"的是_____。

  A. x Mod 2 ＝1 Or y Mod 2 ＝1   B. x Mod 2 ＝0 Or y Mod 2＝0

  C. x Mod 2 ＝1 And y Mod 2 ＝1   D. x Mod 2 ＝0 And y Mod 2＝0

  解析：要使 x 和 y 都是奇数,则 x 和 y 除以 2 的余数都必须是 1。

  答案：C

  5. VBA 程序的多条语句可以写在一行中,其分隔符必须使用符号_____。

  A. ：   B. '   C. ；   D. ,

  解析：VBA 程序在一行上写多个语句时用冒号"："作分隔符。

  答案：A

  6. VBA 表达式 3＊3\3/3 的输出结果是_____。

  A. 0   B. 1   C. 3   D. 9

  解析：VBA 的表达式运算符优先级顺序"＊"和"/"高于"\"。这个表达式先计算 3＊3＝9 和 3/3＝1,之后计算 \＝9。

  答案：D

  7. 现有一个已经建好的窗体,窗体中有一命令按钮,单击此按钮,将打开 tEmployee 表,如果采用 VBA 代码完成,下面语句正确的是_____。

  A. docmd. openform "tEmployee"   B. docmd. openview "tEmployee"

  C. docmd. opentable "tEmployee"   D. docmd. openreport "tEmployee"

解析：docmd . openform：使用 openform 操作，可以从"窗体"视图、窗体"设计"视图、"打印预览"或"数据表"视图中打开一个窗体，可以选择窗体的数据输入与数据输出方式并限制窗体所显示的记录。

docmd. openview：可以使用 openview 操作在"数据表"视图、"设计"视图或打印预览中打开视图。当在"数据表"视图中打开视图时，该操作运行此命名的视图。可以选择该视图的数据项，并可限制视图显示的记录数。

docmd. openreport：使用 openreport 操作，可以在"设计"视图或"打印预览"中打开报表或立即打印报表，也可以限制需要在报表中打印的记录。

docmd. opentable：使用 opentable 操作，可以在"数据表"视图、"设计"视图或打印预览中打开表，也可以选择表的数据输入方式。

答案：C

8. Access 的控件对象可以设置某个属性来控制对象是否可用(不可用时显示为灰色状态)。需要设置的属性是_____。

  A. Default   B. Cancel   C. Enabled   D. Visible

解析：Default 为命令按钮确定属性，只有命令按钮支持此属性。

  Cancel 为取消功能属性。

  Enabled 决定控件是否允许操作。

  Visible 决定控件是否可见。

答案：C

9. 在 VBA 中，如果使用符号"％"，定义变量".Nump"，则该变量数据类型为_____。

  A. 整型   B. 长整型   C. 字符串   D. 双精度数

解析：传统的 BASIC 语言使用类型说明符号来定义数据类型，VBA 除此之外，还可以使用类型说明字符来定义数据类型。整数对应的符号为"％"，长整型对应的符号为"&"，字符串对应的符号为"＄"，双精度数对应的符号为"♯"。

答案：A

10. 在 VBA 中，变体类型不包括_____。

  A. Empty   B. Error   C. Null   D. Object

解析：变体类型是一种特殊的数据类型，除了定长字符串类型及用户自定义类型外，可以包含其他任何类型的数据。变体类型还可以包含 Empty、Error、Nothing 和 Null 特殊值。使用时，可以用 VarType 与 TypeName 两个函数来检查 Variant 中的数据。

答案：D

11. 在窗体上添加一个命令按钮(名为 Command1)，然后编写如下事件过程：

```
Private Sub Command1_Click()
    For i=1 To 4
        x=4
        For j=1 To 3
            x=3
```

```
    For k=1 To2
       x=x+6
    Next k
  Next j
 Next i
 MsgBox x
End Sub
```

打开窗体后,单击命令按钮,消息框的输出结果是_____。

    A. 7   B. 15   C. 157   D. 538

解析:此题中应用三重嵌套循环,循环嵌套的执行,当外层循环执行一次,内层就要执行所有的循环:第一个 for 语句对变量 x 赋值,x=4;第二个 for 语句对变量 x 赋值,x=3;第三个 for 语句对变量 x 赋值,x=x+6。当 i=1 时,j=1,k 执行其内部的两次循环,此时 x 赋值为 3,当 k=1 时,x=x+6=3+6=9;k=2 时,x=x+6=9+6=15。退出内循环到第二个 for 语句执行其剩余的循环,i=1,j=2 时,k 依旧执行其内部的两次循环,之后 x 还是等于 15。i=1,j=3 时,因为第三个 for 语句始终对 x 的赋值为 15,所以运算结果 x 始终等于 15。第二层循环完成后退回到第一层,执行其剩余的循环,步骤同上,最后 x=15。

答案:B

12. 假定有如下的 Sub 过程:

```
Sub sfun (x  As  Single, y  As  Single)
    t=x
    x=t/y
    y=t Mod y
End Sub
```

在窗体上添加一个命令按钮(名为 Command1),然后编写如下事件过程:

```
Private Sub Command1_Click()
    Dim a as single
    Dim b as single
    a=5
    b=4
    sfun a,b
    MsgBox a & chr(10)+chr(13) & b
End Sub
```

打开窗体运行后,单击命令按钮,消息框的两行输出内容分别为_____。

    A. 1 和 1   B. 1.25 和 1   C. 1.25 和 4   D. 5 和 4

解析:此题中设定了一个 sfun() 函数,进行除法运算和求模运算,为命令按钮(名为 Command1)编写事件,定义两变量 a=5,b=4;调用此函数传递 a,b 的值给 x,y 进行运算,t=x=5,y=4;x=t/y=5/4=1.25(除法运算);y=t Mod y=5 mod 4=1(求模运算)。由于本题的参数传递默认为引用方式,对形参 x、y 的修改也就是对实参 a、b 的修改。

答案：B

13. Sub 过程与 Function 过程最根本的区别是_____。

    A. Sub 过程的过程名不能返回值,而 Function 过程能通过过程名返回值

    B. Sub 过程可以使用 Call 语句或直接使用过程名调用,而 Function 过程不可以

    C. 两种过程参数的传递方式不同

    D. Function 过程可以有参数,Sub 过程不可以

解析：过程是模块的单元组成,过程分为两种类型:Sub 过程和 Function 函数过程。VBA 提供的关键字 CALL,可显示调用一个子过程(Sub 过程),但却不能调用执行函数过程(Function 过程),此外 Sub 过程和 Function 过程都可以直接引用过程名来调用,因此,选项 B 错误。Sub 过程可以使用参数(由调用过程传递的常数、变量或表达式),所以选项 D 错误。选项 C 要视具体情况才能确定。Sub 过程执行操作但不返回值,Function 过程可以返回值,这也是过程最根本的区别,所以选项 A 是正确的。

答案：A

14. 在窗体中添加一个命令按钮(名称为 Command1),然后编写如下代码:

```
Private Sub Command1_Click()
    a=0: b=5: c=6
    MsgBox a=b+c
End Sub
```

窗体打开运行后,如果单击命令按钮,则消息框的输出结果是_____。

    A. 11   B. a=11   C. 0   D. False

解析：程序中"MsgBox a=b+c"表示在消息框中显示 a 与 b+c 的值比较的结果,由"a=0:b=5:c=6"可知,0！=11,所以消息框的输出结果为 False。

答案：D

15. 在窗体中添加一个命令按钮(名称为 Command1),然后编写如下代码:

```
Private Sub Command1_Click()
    Dim a(10,10)
    For m=2 To 4
      For n=4 To 5
        a(m,n)=m * n
      Next n
    Next m
    MsgBox a(2,5)+a(3,4)+a(4,5)
End Sub
```

窗体打开运行后,单击命令按钮,则消息框的输出结果是_____。

    A. 22   B. 32   C. 42   D. 52

解析：根据程序:$a(2,5)+a(3,4)+a(4,5)=2*5+3*4+4*5=42$。

答案：C

16. 在窗体中添加一个命令按钮(名为 Command1)和一个文本框(名为 Text1),并在命令按钮中编写如下事件代码:

```
Private Sub Command1_Click()
    m=2.17
    n=Len(Str$ (m)+Space(5))
    Me.Text1=n
End Sub
```

窗体打开运行后,单击命令按钮,在文本框中显示_____。

A. 5   B. 8   C. 9   D. 10

解析: 程序中"n=Len(Str $ (m)+Space(5))"的含义是算出字符串总长度,当把正数转换成字符串时,Str $ ()函数在字符串前面留有一个空格,Space(数值表达式)则返回由数值表达式确定的空格个数组成的空字符串。Str $ (m)表示 5 个字符串,Space(5)表示 5 个字符串,所以 n 等于 10。

答案: D

17. 在窗体中添加一个命令按钮(名称为 Command1),然后编写如下代码:

```
Private Sub Command1_Click()
    A=75
    If A> 60 Then I=1
    If A> 70 Then I=2
    If A> 80 Then I=3
    If A> 90 Then I=4
    MsgBox I
End Sub
```

窗体打开运行后,单击命令按钮,则消息框的输出结果是_____。

A. 1   B. 2   C. 3   D. 4

解析: "If 条件表达式 1 Then 条件表达式 I 为真时要执行的语句序列",在程序中,A=75,A>60 为真,则执行 I=1;然后执行"If A>70 Then I=2",A>70 为真,执行 I=2,所以 I=2。

答案: B

18. 在窗体中添加一个命令按钮(名称为 Command1),然后编写如下代码:

```
Private Sub Command1_Click()
    s="ABBACDDCBA"
    For I=6 To 2 Step -2
        x=Mid(s,I,I)
        y=Left(s,I)
        z=Right(s,I)
        z=x & y & z
    Next I
MsgBox z
```

```
End  Sub
```

窗体打开运行后,单击命令按钮,则消息框的输出结果是_____。

    A. AABAAB   B. ABBABA   C. BABBA   D. BBABBA

解析：Mid(字符表达式,数值表达式1,数值表达式2)：返回一个值,该值是从字符表达式最左端某个字符开始,截取到某个字符为止的若干个字符。其中,数值表达式1的值是开始的字符位置,数值表达式2是截取的字符个数。

Left(字符表达式,数值表达式)：返回一个值,该值是从字符表达式左侧第1个字符开始,截取的若干字符。其中,字符个数是数值表达式的值。

Right(字符表达式,数值表达式)：返回一个值,该值是从字符表达式右侧第1个字符开始,截取的若干字符。其中,字符个数是数值表达式的值。

For 循环运行三次,最后一次循环结束时,I＝2,x＝"BB",y＝"AB",z＝"BBABBA"。

答案：D

19. 在窗体中添加一个命令按钮(名称为 Command1),然后编写如下代码:

```
Public  x as integer
Private  Sub  Command1_Click()
      x=10
      Call  s1
      Call  s2
      MsgBox  x
End  Sub
Private Sub  s1()
  x=x+20
End Sub
Private Sub  s2()
  Dim x as integer
  x=x+20
End Sub
```

窗体打开运行后,单击命令按钮,则消息框的输出结果是_____。

    A. 10   B. 30   C. 40   D. 50

解析：本题主要考查局部变量和公用变量的使用。程序代码中首先定义了一个公用变量x,该变量可以在所有过程和函数中使用;而局部变量只能在定义的函数和过程中使用。单击命令按钮 Command1 之后,公用变量 x＝10,然后调用子过程 s1,修改了公用变量 x 的值,此时 x＝30;之后调用子过程 s2,其中定义了一个局部变量 x,该子过程中的 x 都是局部变量,因此对局部变量 x 值的修改,不改变公用变量 x 的值。因此执行完子过程 s2 之后,公用变量 x 的值仍然是 30。

答案：B

20. 有如下语句:

```
s=Int(100 * Rnd)
```

执行完毕后,s 的值是_____。

A. [0,99]的随机整数　　　　　　　　　B. [0,100]的随机整数

C. [1,99]的随机整数　　　　　　　　　D. [1,100]的随机整数

解析:随机数函数 Rnd(<数值表达式>)用于产生一个小于 1 但大于 0 的值,该数值为单精度类型。100 * Rnd 的结果是一个小于 100 且大于 0 的值。Int(数值表达式)是对表达式进行取整操作,它并不做"四舍五入"运算,只是取出"数值表达式"的整数部分。

答案:A

21. InputBox 函数的返回值类型是_____。

A. 数值

B. 字符串

C. 变体

D. 数值或字符串(视输入的数据而定)

解析:InputBox 的返回值是一个数值或字符串。当省略尾部的"＄"时,InputBox 函数返回一个数值,此时,不能输入字符串。如果不省略"＄",则既可输入数值也可输入字符串,但其返回值是一个字符串。因此,如果需要输入数值,并且返回的也是数值,则应省略"＄";而如果需要输入字符串,并且返回的也是字符串,则不能省略"＄"。如果不省略"＄",且输入的是数值,则返回字符串,当需要该数值参加运算时,必须用 Val 函数把它转换为数值。

答案:D

22. 在窗体中添加一个名称为 Command 1 的命令按钮,然后编写如下事件代码:

```
Private Sub Command1_Click()
    a=75
    If  a> 60  Then
        k＝1
    ElseIf  a> 70  Then
        k＝2
    ElseIf  a> 80  Then
        k＝3
    ElseIf  a> 90  Then
        k＝4
    End If
    MsgBox k
End Sub
```

窗体打开运行后,单击命令按钮,则消息框的输出结果是_____。

A. 1　　　　　　　B. 2　　　　　　　C. 3　　　　　　　D. 4

解析:a＝75 满足条件"a>60",执行 Then 后的语句,将 1 赋值给变量 k,然后结束条件判断,将 k 的值 1 输出到消息框,所以消息框的结果是 1。

答案:A

23. 设有如下窗体单击事件过程:

```
Private Sub Form _Click()
    a=1
    For i=1 To 3
      Select Case i
         Case 1, 3
             a=a+1
         Case 2, 4
             a=a+2
      End Select
    Next i
    MsgBox a
End Sub
```

打开窗体运行后,单击窗体,则消息框中的输出结果是_____。

    A. 3　　　　　　　B. 4　　　　　　　C. 5　　　　　　　D. 6

解析：Select Case 结构运行时,首先计算"表达式"的值,它可以是字符串或者数值变量或表达式。然后会依次计算测试每个 Case 表达式的值,直到值匹配成功,程序会转入相应的 Case 结构内执行语句。本题中,当 i=1 和 3 时,执行 a=a+1,当 i=2 时,a=a+2,所以 a=1+1+2+1=5。

答案：C

24. 设有如下程序：

```
Private Sub Commandl_Click()
    Dim sum As Double, x As Double
        sum=0
        n=0
    For i=l To 5
      x=n/i
      n=n+1
      sum=sum+x
    Next i
End Sub
```

该程序通过 For 循环来计算一个表达式的值,这个表达式是_____。

    A. 1+1/2+2/3+3/4+4/5　　　　　　B. 1+1/2+1/3+1/4+1/5

    C. 1/2+2/3+3/4+4/5　　　　　　　　D. 1/2+1/3+1/4+1/5

解析：当 i=1 时,sum=0+0/1;当 i=2 时,sum=0+0/1+1/2;

  当 i=3 时,sum=0+0/1+1/2+2/3;当 i=4 时,sum=0+0/1+1/2+2/3+3/4;

  当 i=5 时,sum=0+0/1+1/2+2/3+3/4+4/5,即 For 循环是用来计算表达式"1/2+2/3+3/4+4/5"的。

答案：C

25. 下列 Case 语句中错误的是_____。

    A. Case 0 To 10　　　　　　　　　　B. Case Is>10

C. Case Is>10 And Is<50　　　　　　　D. Case 3,5,Is>10

解析：Case 表达式可以是下列 4 种格式之一：

(1) 单一数值或一行并列的数值，用来与"表达式"的值相比较，成员间以逗号隔开；

(2) 由关键字 To 分割开的两个数值或表达式之间的范围；

(3) 关键字 Is 接关系运算符；

(4) 关键字 Case Else 后的表达式，是在前面的 Case 条件都不满足时执行的。

本题选项 C 中用的是逻辑运算符 And 连接两个表达式，所以不对，应该以逗号隔开。

答案：C

26. 如下程序段定义了学生成绩的记录类型，由学号、姓名和三门课程成绩（百分制）组成。

```
Type Stud
    No    As  Integer
    name  As  String
    score(1 to 3) As  Single
End Type
```

若对某个学生的各个数据项进行赋值，下列程序段中正确的是_____。

A. Dim S As Stud
　　Stud. no＝1001
　　Stud. name＝"舒宜"
　　Stud. score＝78,88,96

B. Dim S As Stud
　　S. no＝1001
　　S. name＝"舒宜"
　　S. score＝78,88,96

C. Dim S As Stud
　　Stud. no＝1001
　　Stud. name＝"舒宜"
　　Stud. score(1)＝78
　　Stud. score(2)＝88
　　Stud. score(3)＝96

D. Dim S As Stud
　　S. no＝1001
　　S. name＝"舒宜"
　　S. score(1)＝78
　　S. score(2)＝88
　　S. score(3)＝96

解析：用户定义数据类型是使用 Type 语句定义的数据类型。用户定义的数据类型可以包含一个或多个任意数据类型的元素。由 Dim 语句可创建用户定义的数组和其他数据类型。用户定义类型变量的取值，可以指明变量名及分量名，两者之间用句点分隔。本题中选项 A、选项 C 中变量名均用的是类型名，所以错误。"score(1 to 3) As Single"定义了三个单精度数构成的数组，数组元素为 score(1)～score(3)。

答案：D

27. 使用 Function 语句定义一个函数过程，其返回值的类型_____。

A. 只能是符号常量　　　　　　　　　　B. 是除数组之外的简单数据类型

C. 可在调用时由运算过程决定　　　　D. 由函数定义时 As 子句声明

解析：函数的参数和返回值都有特定的值与之相对应，函数的返回值是由函数定义时 As 子句声明的。

答案：D

28. 在过程定义中有语句：

```
Private Sub GetData (ByRef f As Integer)
```

其中 ByRef 的含义是_____。

A. 传值调用 　　　　B. 传址调用 　　　C. 形式参数 　　　D. 实际参数

解析：ByRef 在过程定义中为可选项，表示该参数按地址传递。ByRef 是 VBA 的默认选项。

答案：B

29. 下列不是分支结构语句的是_____。

A. If…Then…End If 　　　　　　　B. While…Wend
C. If…Then…Else…End If 　　　　D. Select…Case…End Select

解析：While…Wend 为循环语句，不是分支语句。

答案：B

30. 在窗体中使用一个文本框（名为 n）接受输入的值，有一个命令按钮 run，事件代码如下：

```
Private Sub run_Click ()
    Result=""
    For i=1 To Me!n
      For j=1 To Me!n
        result=result+"*"
      Next j
      Result=result+Chr(13)+Chr(10)
    Next i
    MsgBox result
End Sub
```

打开窗体后，如果通过文本框输入的值是 4，单击命令按钮后输出的图形是_____。

A. ＊＊＊＊
　　＊＊＊＊
　　＊＊＊＊
　　＊＊＊＊

B. 　　＊
　　＊＊＊
　＊＊＊＊＊
＊＊＊＊＊＊＊

C. 　　＊＊＊＊
　＊＊＊＊＊＊
＊＊＊＊＊＊＊＊
＊＊＊＊＊＊＊＊＊

D. 　＊＊＊＊
　＊＊＊＊
　＊＊＊
＊＊＊＊

解析：典型的循环结构，For…Next 语句的执行步骤见 VBA 编程流程控制语句一节，按其步骤执行最后结果是选项 A。

答案：A

31. 在窗体中有一个标签 Lb1 和一个命令按钮 Command1，事件代码如下：

```
Option Compare Database
Dim a As String * 10
Private Sub Command1_Click ( )
    a="1234"
    b=Len(a)
    Me.Lb1.Caption=b
End Sub
```

打开窗体后单击命令按钮,窗体中显示的内容是_____。

A. 4　　　　　　　　B. 5　　　　　　　　C. 10　　　　　　　　D. 40

解析:Dim a As String * 10定义a为定长为10的字符串,Len(a)的值就是10,所以b的值也是10,最后窗体中显示的内容为10。

答案:C

32. 在窗体中有一个标签Label0,标题为"测试进行中";有一个命令按钮Command1,事件代码如下:

```
Private Sub Command1_Click()
    Label0.Caption="标签"
End Sub
Private Sub Form_Load()
    Form.Caption="举例"
    Command1.Caption="移动"
End Sub
```

打开窗体后单击命令按钮,屏幕显示_____。

A. 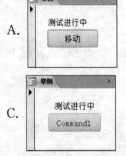　　　　B.

C. 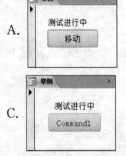　　　　D.

解析:本题所给命令按钮的事件为,单击命令按钮时标签信息显示"标签",运行窗体显示"举例",命令按钮显示"移动",因此选项D正确。

答案:D

二、填空题

1. 在窗体中添加一个命令按钮(名为Command1)和一个文本框(名为Text1),然后编写如下事件过程:

```
Private Sub Command1_Click()
    Dim x As Integer,  y As Integer,  z As Integer
```

```
        x=5 : y=7 : z=0
        Me!Text1=""
        Call p1(x, y, z)
        Me!Text1=z
    End Sub
    Sub p1(a As Integer, b As Integer, c As Integer)
        c=a+b
    End Sub
```

打开窗体运行后,单击命令按钮,文本框中显示的内容是_____。

解析:由于 VBA 中,默认情况下,参数是按地址传递(ByRef),结果会返回。本题中 z 的值等于 x+y,所以文本框中显示的内容为 12。

答案:12

2. 有一个 VBA 计算程序的功能如下,该程序用户界面由 4 个文本框和 3 个按钮组成。4 个文本框的名称分别为:Text1、Text2、Text3 和 Text4。3 个按钮分别为:清除(名为 Command1)、计算(名为 Command2)和退出(名为 Command3)。窗体打开运行后,单击"清除"按钮,则清除所有文本框中显示的内容;单击"计算"按钮,则计算在 Text1、Text2 和 Text3 三个文本框中输入的三科成绩的平均成绩,并将结果存放在 Text4 文本框中;单击"退出"按钮则退出。请将下列程序填空补充完整。

```
Private Sub Command1_Click( )
    Me!Text1=""
    Me!Text2=""
    Me!Text3=""
    Me!Text4=""
End Sub
Private Sub Command2_Click( )
    If Me!Text1="" Or Me!Text2="" Or Me!Text3="" Then
        MsgBox "成绩输入不全"
    Else
        Me!Text4=(_____+Val(Me!Text2)+Val(Me!Text3))/3
        _____
End Sub
Private Sub Command3_Click( )
    Docmd _____
End Sub
```

解析:由题目可知,Text4 中存放的是三科成绩的平均成绩,所以要把三个科目的成绩加起来除以 3,所以第 1 空应该填 Val(Me!Text1),获得输入科目的成绩;If…Else…End If 语句中,缺少结束语句,所以第 2 空应该填 End If;Command3 的功能是退出,而退出有两种,一种是退出窗体,一种是退出 Access,如果是退出窗体,则使用 Close 方法,如果是退出 Access,则使用 Quit 方法。

答案:Val(Me!Text1),End If,Quit

3. 在窗体中添加一个命令按钮,名称为 Command1,然后编写如下程序:

```
Private Sub Command1_Click()
    Dim s, i
    For i=1 To 10
        s=s+i
    Next i
    MsgBox s
End Sub
```

窗体打开运行后,单击命令按钮,则消息框的输出结果为_____。

解析:For…Next 语句能够重复执行程序代码区域特定次数。此题中 i 赋初值 1,步长默认为 1,也就是求 1~10 的和,所以结果为 55。

答案:55

4. 在窗体中添加一个名称为 Command1 的命令按钮,然后编写如下程序:

```
Private Sub s(By Val p As lnteger)
    p=p * 2
End Sub
Private Sub Command1_Click()
    Dim i As Integer
    i=3
    Call s(i)
    If i> 4 Then i=i^2
    MsgBox i
End Sub
```

窗体打开运行后,单击命令按钮,则消息框的输出结果为_____。

解析:由于 VBA 中,传值调用(ByVal 选项)为“单向”作用形式,即过程调用只是相应位置实参的值“单向”传送给形参处理,而被调用过程内部对形参的任何操作引起的形参值的变化均不会反馈、影响实参的值。此题中:形参 p 被说明为 ByRef 值形式的整型量,当运行 Command1_Click 过程并调用 s 子过程时,实参 i 传送其值给形参 p,p 发生变化 p= p * 2=3 * 2=6。但因为使用的是 ByVal “单向”传值形式,实参 i 的值不发生变化,If 语句为假,执行 MsgBox i 语句后输出 3。

答案:3

5. 窗体中有两个命令按钮:“显示”(控件名为 cmdDisplay)和“测试”(控件名为 cmdTest)。以下事件过程的功能是:单击“测试”按钮时,窗体上弹出一个消息框。如果单击消息框的“确定”按钮,隐藏窗体上的“显示”命令按钮;单击“取消”按钮关闭窗体。按照功能要求,将程序补充完整。

```
Private Sub cmdTest_Click()
    Answer=_____ ("隐藏按钮", vbOKCancel)
    If Answer=vbOK Then
        cmdDisplay.Visible=_____
```

```
Else
    Docmd.Close
End If
End Sub
```

解析：在 VBA 中，调用 MsgBox 函数显示消息框，同时根据考点函数 MsgBox 的相应说明可知，本题的第一空应该是 MsgBox，该消息框的显示文字为"隐藏按钮"，具有"确定"和"取消"两个按钮。

题目中代码运行后，当单击消息框中的"确定"按钮后，Answer= vbOk 为真，根据题目要求可知，此时应当隐藏 cmdDisplay 命令按钮，当该按钮的 Visible 属性为 False 时，该按钮不可见。因此第二空为 False。

答案：MsgBox,False

6. 在窗体中添加一个命令按钮（名称为 Command1），然后编写如下代码：

```
Private Sub Command1_Click()
    Static b as integer
    b=b+1
End Sub
```

窗体打开运行后，三次单击命令按钮后，变量 b 的值是_____。

解析：静态变量 b 的初始值为 0，每单击一次命令 Command1 都会执行一次"b＝b+1"的操作，三次单击命令按钮后，变量 b＝0+1+1+1，等于 3。

答案：3

7. 下面 VBA 程序段运行时，内层循环总次数是_____。

```
For m=0 To  7  Step 3
    For  n=m-1 To  m+1
    Next  n
Next  m
```

解析：外层循环"For m＝0 To 7 step 3"从 0 到 7，每运行一次加 3，外层循环运行一次，内层循环 3 次，外层循环共执行 3 次，所以内层循环的循环总次数是 3×3＝9 次。

答案：9

8. 在窗体中添加一个命令按钮（名称为 Command1），然后编写如下代码：

```
Private  Sub  Command1_Click()
    Dim  b,k
    For  k=1  to  6
      b=23+k
    Next  k
    MsgBox  b+k
End  Sub
```

窗体打开运行后，三次单击命令按钮，消息框的输出结果是_____。

解析：在程序中 For 循环运行了 6 次，当 k＝6 时，b＝23+6＝29，而 k+1＝7 时，在

循环结束后，b+k=29+7=36。

答案：36

9. 退出 Access 应用程序的 VBA 代码是_____。

解析：退出 Access 应用程序的 VBA 代码是 Docmd. Quit 或 Application. Quit。

答案：Docmd. Quit 或 Application. Quit 或 Quit

10. 在 VBA 编程中检测字符串长度的函数名是_____。

解析：在 VBA 编程中字符串长度检测函数为 Len(＜字符串表达式＞或＜变量名＞)。

答案：Len

11. 若窗体中已有一个名为 Command 1 的命令按钮、一个名为 Label 1 的标签和一个名为 Text 1 的文本框，且文本框的内容为空，然后编写如下事件代码：

```
Private Function f(x As Long) As Boolean
    If x Mod 2=0 Then
      f=True
    Else
      f=False
    End If
End Function
Private Sub Commandl_Click()
    Dim  n  As  Long
    n=Val(Me!text1)
    p=IIf(f(n),"Even number", "Odd number")
    Me!Label1.Caption=n&"is"&p
End Sub
```

窗体打开运行后，在文本框中输入 21，单击命令按钮，则标签显示内容为_____。

解析：函数过程也可以称为函数，是一系列由 Function 和 End Function 语句包含起来的 Visual Basic 语句。Function 过程和 Sub 过程类似，但函数过程可以返回一个值。此题定义一个 Long 型变量 n，n 为文本框 Text1 输入字符转换为数值型的值；当在文本框中输入 21，则 n 的值为 21，代入 Function 函数过程，x 为 21，对 x 取模，为偶数时返回 True，为奇数时返回 False；21 是奇数，因此返回 False；IIF 函数调用格式：IIF(条件式，表达式 1，表达式 2)，条件式为 True，函数返回表达式 1 的值，条件式为 False，函数返回表达式 2 的值。此处 p 返回表达式 2 的值 Oddnumber；& 用来强制两个表达式做字符串连接，则最后标签显示内容为 21isOddnumber。

答案：21isOddnumber

12. 有如下用户定义类型及操作语句：

```
Type Student
    SNo  As  String
    SName  As  String
```

```
    IAge    As    Integer
End Type
Dim Stu  As   Student
With Stu
    .SNo="200609001"
    .SName="陈果果"
    .IAge=19
End With
```

执行 MsgBox Stu. IAge 后,消息框输出结果是_____。

解析:此题语句先定义一个自定义数据类型,包含学号,变长字符串;姓名,变长字符串;年龄,整型。给此三个变量赋值为 Sno="00609001",SName="陈果果",IAge=19,执行 MsgBox Stu. IAge 后,消息框输出 IAge 变量的值:19。

答案:19

13. 在 VBA 中双精度的类型标识是_____。

解析:在 VBA 编程中双精度数的类型标识是 Double,符号是♯。

答案:♯

14. 在窗体中使用一个文本框(名为 x)接受输入值,有一个命令按钮 test,事件代码如下:

```
Private Sub test_Click ( )
    y=0
    For i=0 To Me!x
      y=y+2 * i+1
    Next i
    MsgBox  y
End Sub
```

打开窗体后,若通过文本框输入值为 3,单击命令按钮,输出的结果是_____。

解析:函数执行过程如下:

```
i=0,y=y+2 * i+1=0+1=1;
i=1,y=y+2 * i+1=1+2+1=4;
i=2,y=y+2 * i+1=4+4+1=9;
i=3,y=y+2 * i+1=9+6+1=16;
```

输出的结果为 16。

答案:16

15. 在窗体中使用一个文本框(名为 num1)接受输入值,有一个命令按钮 run13,事件代码如下:

```
Private Sub run13_Click ( )
    If Me!num1 > =60 Then
        Result="及格"
    ElseIf Me!num1 > =70 Then
```

```
        Result="通过"
     ElseIf Me!num1 > =85 Then
        Result="合格"
     End If
     MsgBox result
End Sub
```

打开窗体后,若通过文本框输入的值为 85,单击命令按钮,输出结果是_____。

解析:本题中,输入的值为 85,执行第一个 If 语句时,满足条件,直接执行 Result = "及格",后面的所有 Else If 语句都不再执行,因此输出结果为"及格"。

答案:及格

16. 现有一个登录窗体如图 8.1 所示。打开窗体后输入用户名和密码,登录操作要求在 20s 内完成,如果在 20s 内没有完成登录操作,则倒计时到达 0s 时自动关闭登录窗体,窗体的右上角显示倒计时的标签 Itime。事件代码如下,要求填空完成事件过程。

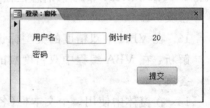

图 8.1　填空题 16 图

```
Option Compare Database
Dim flag  As Boolean
Dim i As Integer
Private Sub Form_Load ( )
   Flag=_____
     Me.TimerInterval=1000
     i=0
End Sub
Private Sub Form_Timer ( )
If flag=True  And  i<20  Then
     Me!ITimer.Caption=20-i
     i=_____
Else
     DoCmd.Close
End If
Private Sub OK_Click ( )
     '登录程序略
     '如果用户名和密码正确,则: flag=False
End Sub
```

解析:在窗体的初始化函数 Form_Load()中,Flag 作为 Boolean 类型的数据用来识别用户是否登录,根据"如果用户名和密码正确,则: flag=False",可以看出,初始情况下应该设置为 True;在 Form_Timer()函数中,参数 i 的作用是实现计时,因为"Me!ITimer. Caption=20-i",所以要实现倒计时,必须使 i 的值递增,所以 i=i+1。

答案:True　　i+1

8.2　同　步　自　测

一、选择题

1. 以下程序段运行后,消息框的输出结果是_____。

```
a=sqr(3)
b=sqr(2)
c=a> b
Msgbox c+2
```

    A. −1　　　　　　　　B. 1　　　　　　　　C. 2　　　　　　　　D. 出错

2. 执行语句:MsgBox "AAAAA",vbOKCancel + vbQuestion ,"BBBB"之后,弹出的信息框外观样式是_____。

3. 用于获得字符串 Str 从第二个字符开始的三个字符的函数是_____。

    A. Mid(Str,2,3)　　　　　　　　B. Middle(Str,2,3)

    C. Right(Str,2,3)　　　　　　　　D. Left(Str,2,3)

4. VBA 中定义符号常量可以用关键字_____。

    A. Const　　　　　　B. Dim　　　　　　C. Public　　　　　　D. Static

5. 以下关于运算优先级比较,叙述正确的是_____。

    A. 算术运算符＞逻辑运算符＞关系运算符

    B. 逻辑运算符＞关系运算符＞算术运算符

    C. 算术运算符＞关系运算符＞逻辑运算符

    D. 以上均不正确

6. VBA 的逻辑值进行算术运算时,True 的值被当作_____。

    A. 0　　　　　　　　B. −1　　　　　　　　C. 1　　　　　　　　D. 任意值

7. VBA 中实用参数 a 和 b 调用有参数过程 Area(m,n)的正确形式是_____。

 A. Area m,n   B. Area a, b

 C. Call Area(m, n)   D. Call Area a,b

8. 能够实现从指定记录集里检索特定字段值的函数是_____。

 A. Nz   B. DSum   C. DLookup D. Rnd

9. 已知 str1="",str2="全国"&"计算机等级考试"&"NCRE",str3＝space(10),则函数 len(str1),len(str2),len(str3)的返回值分别为_____。

 A. 1,11,0   B. 0,13,0

 C. 0,13,10   D. 1,13,10

10. 以下是替换字符串中指定字符的函数过程：

```
Function sReplace(SearchLine As String,Search For As String, Replace With
As String) As String
    Dim vSearchLine As String, found As Integer
    found=InStr(Searchline, SearchFor)
    vSearchLine=SearchLine
    If found< >0 Then
        VsearchLine=" "
        If _____ <Len(SearchLine)then
            vSearchLine=vSearchLine+Right $ (SearchLine,Len(SearchLine)-Len
            (SearchFor)+1)
        End If
    End If
    sReplace=vSearchLine
End Function
```

过程中的空白处应该为_____。

 A. ReDim arr (arraycount)

 B. Redim Presserve arr(arrycount)

 C. Dim arr(arraycount)

 D. Dim Presserve arr(arraycount)

11. 以下过程的功能是向数组中增加字符,则程序中空白处应为_____。

```
Private Sub AddToArray(arr $ (),arraycount%,ByVal charstring $)
    Dim i%,found As Boolean
    Found=False
    For i=1 To arraycount
        If arr(i)=charstring Then
        Found=ture
    Next i
    If  Not Found  Then
        Arraycount=arraycount+1
```

```
      _____
        arr(arraycount)=charstring
      End If
   End Sub
```

A. ReDim arr(arraycount)

B. ReDim Preserve arr(arraycount)

C. Dim arr(arraycount)

D. Dim Preserve arr(arraycount)

12. 以下是统计字符串中特定字符个数和的函数：

```
Private Function CountOccurences%(ByVal SearchIn$,By Val SearchFor $)
   Dim Number As Long , Pos As Long
   Pos=InStr(SearchIn,SearchFor)
   Do While _____
      Number=Number+1
      Pos=InStr(_____2,SearchIn,SearchFor)
   Loop
   CountOccurences=Number
End Function
```

程序中的两个空白处应分别为_____。

A. Pos＜＞0, Pos＋1　　　　　　　B. Pos＜＞0, Poso－1

C. Pos＝0, Pos＋1　　　　　　　　D. Pos＝0, Pos－1

13. 下面 Main 过程运行之后，则变量 J 的值为_____。

```
Private Sub MainSub()
   Dim J As Integer
   J=5
   Call GetData(J)
End Sub
Private Sub GetData(ByRef f As Integer)
   f=f * 2+Sgn(-1)
End Sub
```

A. 5　　　　　　　　B. 7　　　　　　　　C. 9　　　　　　　　D. 10

14. 假定窗体上有一个命令按钮(Command1)，有如下事件过程：

```
Private Sub Command1_Click()
   Dim x As Integer
   x=1
   n=0
   Do While x< 28
      x=x * 3
      n=n+1
```

```
      Loop
      Mgbox  x
   End Sub
```

程序运行后,单击按钮,输出结果为_____。

    A. 81   B. 56   C. 28   D. 243

15. 在窗体上画一个名称为 Text1 的文本框,一个名称为 Command1 的命令按钮,然后编写如下事件过程:

```
Private Sub Command1_click()
    n=Val1(Text1.text)
    If n\2=n/2 Then
      f=f1(n)
    Else
      f=f2(n)
    End If
    msgbox  f &" "& n
End Sub
Public Function f1(ByRef  x)
    x=x * x
    f1=x+x
End Function
Public Function f2(ByVal  x)
    x=x * x
    f2=x+x+x
End Function
```

程序执行后,在文本框中输入 6,然后单击命令按钮,消息框中输出的是_____。

    A. 72 36   B. 108 36   C. 72 6   D. 108 6

16. 函数 string(n,字符串)的功能是_____。

    A. 把数值型数据转换为字符串

    B. 返回由字符串第一个字符重复组成的长度为 n 的字符串

    C. 从字符串中取出 n 个字符串

    D. 从字符串中第 n 个字符的位置开始取子字符串

17. 若焦点位于文本框中,则能够触发 KeyPress 事件的操作是_____。

    A. 单击   B. 双击文本框

    C. 鼠标滑过文本框   D. 按下键盘上的某个键

18. 能够触发窗体的 MouseDown 事件的操作是_____。

    A. 鼠标按下   B. 拖动窗体

    C. 鼠标滑过文本框   D. 按下键盘上的某个键

19. 在表达式中引用对象名称时,如果它包含空格或特殊的字符,就必须用_____将对象名称括起来。

A. ♯号　　　　　　　　B. 方括号　　　　　　C. 圆括号　　　　D. 双引号

20. 能够触发窗体的 DblClick 事件的操作是_____。

A. 单击　　　　　　　　　　　　　　　　B. 双击窗体

C. 鼠标滑过窗体　　　　　　　　　　　　D. 按下键盘上的某个键

21. 变量声明语句 Dim x as Long 表示变量是_____变量。

A. 整型　　　　　　　B. 长整型　　　　　　C. 变体型　　　　D. 双精度数

22. 返回值为真的表达式是_____。

A. (10>4 AND 1>=2)　　　　　　　　B. (10>4 OR 1>=2)

C. NOT(4<>3)　　　　　　　　　　　　D. (4<3)

23. VBA 表达式 DateSerial(2004-1,8-2,0)返回的值是_____。

A. ♯2004-5-31♯　　　　　　　　　　B. ♯2004-6-31♯

C. ♯2003-5-31♯　　　　　　　　　　D. ♯2003-6-1♯

24. 函数 Instr("1234567","67")返回的值是_____。

A. "67"　　　　　　　B. "1234567"　　　　C. 5　　　　　　D. 6

25. 函数 Len(Trim("ABC" & Space(1) & "计算机"))返回的值为_____。

A. 6　　　　　　　　B. 7　　　　　　　　C. 9　　　　　　D. 10

26. 函数 Right(Left(Mid("Access Database",10,3),2),1)返回的值是_____。

A. t　　　　　　　　B. 空格　　　　　　　C. a　　　　　　D. b

27. 给定日期 DD,可计算该日期当月最大天数的正确表达式是_____。

A. Day(DD)

B. Day(DateSerial(Year(DD),Month(DD),Day(DD)))

C. Day(DateSerial(Year(DD),Month(DD),0))

D. Day(Dateserial(Year(DD),Month(DD)+1,0))

28. 将数学表达式 $\cos^2(a+b)+5e^2$ 写成 VBA 的表达式,其正确的形式是_____。

A. cos(a+b)^2+5exp(2)　　　　　　B. cos(a+b)^2+5*exp(2)

C. cos(a+b)^+5*In(2)　　　　　　　D. cos^2(a+b)+5*In(2)

29. 已知程序段:

```
s=0
For i=1 to 10 step 2
    s=s+1
    i=i*2
Next i
```

当循环结束后,变量 i、s 的值分别为_____。

A. 22,3　　　　　　　B. 11,4　　　　　　　C. 10,5　　　　　D. 16,6

30. 下面程序运行后,变量 S 的值变为"65666768",则程序中"表达式"为_____。

```
i=1
Do While(表达式)
    S=S & ASC(Chr(i+64))
```

```
        i = i + 1
Loop
```

    A. i>5   B. Not(i<>5)   C. i<5   D. i=5

31. 如图 8.2 所示为 VBE 界面的代码窗口,其中圈出的部分为_____。

    A. 对象下拉列表框   B. 过程下拉列表框

    C. 声明   D. 过程

32. 如图 8.3 所示为 VBE 界面的代码窗口,其中圈出的部分为_____。

图 8.2　选择题 31 图   图 8.3　选择题 32 图

    A. 对象下拉列表框   B. 过程下拉列表框

    C. 声明   D. 过程

33. 在窗体中添加了一个文本框和一个命令按钮(名称分别为 tText 和 bCommand),并编写了相应的事件过程。运行此窗体后,在文本框中输入一个字符,命令按钮上的标题变为"计算机等级考试"。以下能实现上述操作的事件过程是_____。

    A. Private Sub bCommand_Click( )

            Caption="计算机等级考试"

       End Sub

    B. Private Sub tText_Click( )

            bCommand. Caption="计算机等级考试"

       End Sub

    C. Private Sub bCommand_Change( )

            Caption="计算机等级考试"

       End Sub

    D. Private Sub tText_Change( )

            bCommand. Caption="计算机等级考试"

       End Sub

34. 使用 Function 语句定义一个函数过程,其返回值的类型_____。

    A. 只能是符号常量

    B. 是除数组之外的简单数据类型

    C. 可在调用时由运行过程决定

    D. 由函数定义时 As 子句声明

35. Sub 过程与 Function 过程最根本的区别是_____。

    A. Sub 过程的过程名没有返回值,而 Function 过程能通过过程名返回值

    B. Sub 过程可以使用 Call 语句或直接使用过程名调用,而 Function 过程不可以

    C. 两种过程参数的传递方式不同

    D. Function 过程可以有参数,Sub 过程不可以有

36. 在窗体上添加一个命令按钮(名为 Command1)和一个文本框(名为 Text1),并在命令按钮中编写如下事件代码:

```
Private Sub Command1_Click()
    m=2.17
    n=Len(Str$(m)+Space(5))
    Me!Text1=n
End Sub
```

打开窗体运行后,单击命令按钮,在文本框中显示_____。

    A. 5   B. 8   C. 9   D. 10

37. 在 VBA 中,错误的循环结构是_____。

    A. Do While 条件式   B. Do Until 条件式

        循环体   循环体

        Loop   Loop

    C. Do Until   D. Do

        循环体   循环体

        Loop 条件式   Loop While 条件式

38. 在 VBA 中,下列关于过程的描述中正确的是_____。

    A. 过程的定义可以嵌套,但过程的调用不能嵌套

    B. 过程的定义不可以嵌套,但过程的调用可以嵌套

    C. 过程的定义和过程的调用均可以嵌套

    D. 过程的定义和过程的调用均不能嵌套

39. 下列 4 个选项中,不是 VBA 的条件函数的是_____。

    A. Choose   B. If   C. IIf   D. Switch

40. 设有如下过程:

```
x=1
Do
    x=x+2
Loop Until
```

运行程序,要求循环体执行三次后结束,空白处应填入的语句是_____。

    A. x<=7   B. x<7   C. x>=7   D. x>7

41. 要想在过程 Proc 调用后返回形参 x 和 y 的变化结果,下列定义语句中正确的是_____。

    A. Sub Proc(x as Integer, y as Integer)

    B. Sub Proc(ByVal x as Integer，y as Integer)

    C. Sub Proc(x as Integer，ByVal y as Integer)

    D. Sub Proc(ByVal x as Integer，ByVal y as Integer)

42. VBA 程序流程控制的方式是_____。

    A. 顺序控制和分支控制   B. 顺序控制和循环控制

    C. 循环控制和分支控制   D. 顺序、分支和循环控制

43. 不属于 VBA 提供的程序运行错误处理的语句结构是_____。

    A. On Error Then 标号   B. On Error Goto 标号

    C. On Error Resume Next   D. On Error Goto 0

44. 在过程定义中有语句：

```
Private Sub GetData(ByVal data As Integer)
```

其中 ByVal 的含义是_____。

    A. 传值调用   B. 传址调用   C. 形式参数   D. 实际参数

45. 在窗体中有一个名称为 run35 的命令按钮，单击该按钮从键盘接收学生成绩，如果输入的成绩不在 0～100 分之间，则要求重新输入，如果输入的成绩正确，则进入后续程序处理。run35 命令按钮的 Click 的事件代码如下：

```
Private Sub run35_Click()
    Dim flag as Boolean
    result=0
    flag=True
    Do While flag
        result=Val(InputBox("请输入学生成绩：","输入"))
        If result>=0 And result<=100 Then
            _____
        Else
            MsgBox "成绩输入错误,请重新输入"
        End If
    Loop
    Rem 成绩输入正确后的程序代码略
End Sub
```

程序中有一空白处，需要填入一条语句使程序完成其功能，下列选项中错误的语句是_____。

    A. flag=False   B. flag=Not flag   C. flag=True   D. Exit Do

46. 在窗体中有一个命令按钮(名称为 run34)，对应的事件代码如下：

```
Private Sub run34_Click()
    sum=0
    For i=10 To 1 Step -2
        sum=sum+i
```

```
    Next i
    MsgBox sum
End Sub
```

运行以上事件,程序的输出结果是_____。

A. 10　　　　　　　B. 30　　　　　　　C. 55　　　　　　　D. 其他结果

47. 在窗体中有一个命令按钮 run35,对应的事件代码如下:

```
Private Sub run35_Enter()
    Dim num As Integer
    Dim a As Integer
    Dim b As Integer
    Dim i As Integer
    For i=1 To 10
        num=InputBox("请输入数据: ","输入",1)
        If Int(num/2)=num/2 Then
          a=a+1
        Else
          b=b+1
        End If
    Next i
    MsgBox ("运行结果:a=" & Str(a) & ",b=" & Str(b))
End Sub
```

运行以上事件所完成的功能是_____。

A. 对输入的 10 个数据求累加和

B. 对输入的 10 个数据求各自的余数,然后再进行累加

C. 对输入的 10 个数据分别统计有几个是整数,几个是非整数

D. 对输入的 10 个数据分别统计有几个是奇数,几个是偶数

48. 下列 4 种形式的循环设计中,循环次数最少的是_____。

A. a＝5:b＝8　　　　　　　　　　　B. a＝5:b＝8

  Do　　　　　　　　　　　　　　 Do

   a＝a+1　　　　　　　　　　 a＝a+1

  Loop While a＜b　　　　　　　 Loop Until a＜b

C. a＝5:b＝8　　　　　　　　　　　D. a＝5:b＝8

  Do Until a＜b　　　　　　　　 Do Until a＞b

   a＝a+1　　　　　　　　　　 a＝a+1

  Loop　　　　　　　　　　　　 Loop

二、填空题

1. VBA 全称是__(1)__。

2. 说明变量最常用的方法,是使用__(2)__结构。

3. 用户定义的数据类型可以用__(3)__关键字说明。

4. 以下是一个竞赛评分程序。8 位评委,去掉一个最高分和一个最低分,计算平均分,请填空补充完整。

```
Private Sub Form_Click()
    Dim Max as Integer, Min as Integer
    Dim i as Integer, x as Integer, s as Integer
    Dim p as Single
    Max=0
    Min=10
    For i=1 to 8
        x=Val(InputBox("请输入分数: "))
        if   (4)   Then Max=x
        if   (5)   Then Min=x
        s=s+x
    Next I
    s=  (6)
    p=s/6
    MsgBox "最后得分: " & p
End Sub
```

5. 以下程序的功能是:从键盘上输入若干个数字,当输入负数时结束输入,统计出若干数字的平均值,显示结果如下所示。请填空。

```
Pribate Sub Form_click()
    Dim x, y  As  Single
    Dim z  As  Integer
    x=InputBox("Enter a score")
    Do while   (7)
        y=y+x
        z=z+1
    x=InputBox("Enter a score")
    Loop
    If z=0 Then
        z=1
    End If
    y=y/z
    msgbox y
End Sub
```

6. 直接在属性对话框中设置对象的属性,属于"静态"设置方法,在代码窗口中由 VBA 代码设置对象的属性叫作"__(8)__"设置方法。

7. 某窗体中有一命令按钮,名称为 C1。要求在窗体视图中单击此命令按钮后,命令按钮上的文字颜色变为棕色(棕色代码为 128),实现该操作的 VBA 语句是__(9)__。

8. 在窗体上有一个文本框控件,名称为 Text1。同时,窗体加载时设置其计时器间隔为 1s,计时器触发事件过程则实现在 Text1 文本框中动态显示当前日期和时间。请将下列代码补充完整:

```
Private Sub From_Load()
    Me.Timerinterval=1000
End Sub
Private Sub   (10)
    Me.text1=Now( )
End Sub
```

9. 在窗体中添加一个名称为 Command1 的命令按钮,然后编写如下事件代码:

```
Private Sub Command1_Click( )
    Dim x As Integer, y As Integer
    x=12: y=32
    Call p(x, y)
    MsgBox x * y
End Sub
Public Sub p(n As Integer,ByVal m As Integer)
    n=n Mod 10
    m=m Mod 10
End Sub
```

窗体打开运行后,单击命令按钮,则消息框的输出结果为 (11) 。

10. 已知数列的递推公式如下:

$$f(n)=1 \qquad 当 n=0,1 时$$
$$f(n)=f(n-1)+f(n-2) \qquad 当 n>1 时$$

则按照递推公式可以得到数列:1,1,2,3,5,8,13,21,34,55,…现要求从键盘输入 n 值,输出对应项的值。例如,当输入 n 为 8 时,应该输出 34。程序如下,请补充完整。

```
Private Sub run11_Click( )
    f0=1
    f1=1
    num=Val(InputBox("请输入一个大于 2 的整数"))
    For n=2 To   (12)
        f2=   (13)
        f0=f1
        f1=f2
    Next n
    MsgBox f2
End Sub
```

11. 在窗体中有一个名为 Command1 的命令按钮,Click 事件的代码如下:

```
Private Sub Command1_Click()
    f=0
    For n=1 To 10 Step 2
        f=f+n
    Next n
    Me!Lb1.Caption=f
End Sub
```

单击命令按钮后,标签显示的结果是 ___(14)___ 。

12. 在 VBA 中变体类型的类型标识是 ___(15)___ 。

13. 在窗体中有一个名为 Command12 的按钮,Click 事件的代码如下,该事件所完成的功能是:接收从键盘输入的 10 个大于 0 的整数,找出其中的最大值和对应的输入位置。请依据上述功能要求将程序补充完整。

```
Private Sub Command12_Click()
    max=0
    max_n=0
    For i=1 To 10
        num=Val(InputBox("请输入第" & i & "个大于 0 的整数: "))
        If(num> max) Then
            max= ___(16)___
            max_n= ___(17)___
        End If
    Next i
    MsgBox("最大值为第" & max_n & "个输入的" & max)
End Sub
```

14. 子过程 Test 显示一个如下 4×4 的乘法表:

1×1=1	1×2=2	1×3=3	1×4=4
2×2=4	2×3=6	2×4=8	
3×3=9	3×4=12		
4×4=16			

请在空白处填入适当的语句使子过程完成指定的功能:

```
Sub Test()
Dim i,j As Integer
For i=1 To 4
  For j=1 To 4
    If ___(18)___ Then
      Debug.Print i & "*" & j & "=" & i*j & Space(2)
    End If
  Next j
  Debug.Print
```

```
Next i
End Sub
```

15. 有"数字时钟"窗体如图 8.4 所示。

在窗口中有"[开/关]时钟"按钮,单击该按钮可以显示或隐藏时钟。其中按钮的名称为"开关",显示时间的文本框名称为"时钟",计时器间隔已设置为 500。请在空白处填入适当的语句,使程序可以完成指定的功能。

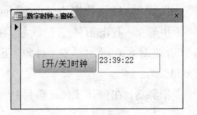

```
Dim flag As Integer
Private Sub Form_Load()
    flag=1
    End Sub
Private Sub Form_Timer()
    时钟=Time
End Sub
Private Sub 开关_Click()
    If ___(19)___ Then
        时钟.Visible=False
        flag=0
    Else
        时钟.Visible=True
        flag=1
    End If
End Sub
```

图 8.4　填空题 15 图

8.3　上　机　实　验

实验 1　用户名与密码验证

一、实验目的

(1) 熟悉 VBE 编程环境。

(2) 掌握窗体和控件事件过程 VBA 代码的设计步骤。

二、实验内容

在数据库 samp7.accdb 中有一"登录"窗体,在窗体上有两个非绑定型文本框,用于输入用户名和密码,分别命名为"username"和"password";还有两个按钮,标题设置为"验证"和"退出",分别命名为"comtest"和"comexit",如图 8.5 所示。用户名和密码的验证方法为:如果用户名与密码为空,提示相应内容,要求重新输

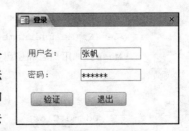

图 8.5　"登录"窗体

入;如果用户名或密码不正确,提示相应内容,要求重新输入,允许输入三次,超过三次自动退出登录操作;如果用户名或密码正确,提示相应内容,打开系统主窗体(成绩管理),进入应用系统。

三、操作步骤

步骤1:打开数据库samp7.accdb,以设计视图的方式打开"登录"窗体。

步骤2:右击窗体空白区域,在弹出的快捷菜单中选择"事件生成器"命令,弹出VBE窗口,如图8.6所示。在"对象"下拉列表框中选择Form,在"过程"下拉列表框中选择Load。

步骤3:在窗体Load事件过程,初始化变量i为1。

```
Private Sub Form_Load()
    i=1
End Sub
```

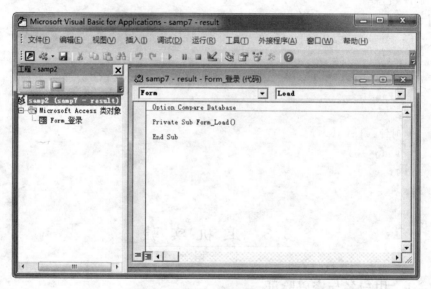

图8.6　VBE窗口

步骤4:建立"验证"按钮的Click事件过程。在"对象"下拉列表框中选择comtest,"过程"下拉列表框中自动显示"Click"。

"验证"按钮的Click事件过程代码为:

```
Private Sub comtest_Click()
    If  Len(Nz(Me!username))=0 And Len(Nz(Me!password))=0 Then
        MsgBox "用户名和密码为空!请输入", vbCritical, "警告"
        i=i+1
        If  i>3 Then
            DoCmd.Close
        Else
```

```
            Me!username.SetFocus
        End If
    Else
        If Ucase(Me!username)="LYH" Then
            If Ucase(Me!password)="AFBED" Then
                MsgBox "登录成功!", vbInformation, "欢迎使用"
                i=1
                DoCmd.OpenForm "成绩管理"
                Me!username=""
                Me!password=""
            Else
                MsgBox "密码错误!请输入", vbCritical, "警告"
                i=i+1
                If  i>3 Then
                    DoCmd.Close
                Else
                    Me!password=""
                    Me!password.SetFocus
                End If
            End If
        Else
            MsgBox "非法用户名!请输入", vbCritical, "警告"
            i=i+1
            If  i>3 Then
                DoCmd.Close
            Else
                Me!username=""
                Me!username.SetFocus
            End If
        End If
    End If
End Sub
```

步骤 5：建立"退出"按钮的 Click 事件过程。在"对象"下拉列表框中选择 comexit，"过程"下拉列表框中自动显示"Click"。

"退出"按钮的 Click 事件过程代码为：

```
Private Sub comexit_click()
    DoCmd.Close
End Sub
```

在程序中使用了嵌套 If 语句，用于判断用户名或密码输入为空或输入信息是否正确。若输入为空或不正确，循环变量 i 加 1，记录错误登录的次数，超过三次，系统自动退出。若用户名和密码输入正确,则打开"成绩管理"窗体,进行相应操作,结束"成绩管理"窗体操作,系统仍返回登录窗体。只有发生三次错误的登录或单击"退出"按钮,才能关闭登录窗体。

实验 2　设计计时器

一、实验目的

(1) 掌握窗体的设计方法。

(2) 掌握窗体的 Timer 事件和 TimerInterval 属性的设置方法。

二、实验内容

在数据库 samp8.accdb 中创建名为 Timerct 的窗体。在窗体中添加一个标签控件(Labtimer),用于显示秒数;添加两个命令按钮,标题分别为"开始/停止"和"复位",名字为comst 和 comre。comst 按钮用于计时与停止计时切换;comre 按钮用于复位计时,从 0 开始。设计结果如图 8.7 所示。

图 8.7　"计时器"窗体运行结果

三、操作步骤

步骤 1:打开数据库 samp8.accdb,建立一空白窗体,添加标签,设置窗体的名称为 Timerct,标签的名称为 LabTimer,标签的标题为"0"。

步骤 2:添加两个命令按钮,设置其标题分别为"开始/停止"和"复位",将按钮的名称分别改为 comst 和 comre。

步骤 3:设置窗体的格式属性,如图 8.8 所示。

步骤 4:设置窗体的"计时器间隔"(TimerInterval)属性值为 1000(ms),并设置"计时器触发"属性值为"[事件过程]",如图 8.9 所示。

图 8.8　"格式"选项卡　　　　　　　　图 8.9　"事件"选项卡

步骤 5:建立窗体的 Open 事件与 Timer 事件过程,以及 comst 和 comre 按钮的Click 事件过程,代码如下。

```
Option Compare Database
Dim Blflag as Boolean

Private Sub Form_Open(Cancel As Integer)        '窗体打开事件过程
      Blflag=False
End Sub

Private Sub Form_Timer()                        '窗体 Timer 事件过程
      If Blflag=True Then
          Me!Labtimer.Caption=Val(Me!Labtimer.Caption)+1
      End If
End Sub

Private Sub Comst_Click()                        'comst 按钮的 Click 事件过程
      Blflag=Not Blflag
End Sub

Private Sub Comre_Click()                        'comre 按钮的 Click 事件过程
      Me!Labtimer.Caption=0
End Sub
```

代码说明：

在窗体模块的声明区域定义布尔型标志变量 Blflag,窗体 Open 事件中,初始化其值为 False,使在打开窗体时并不开始计数。

"开始/停止"按钮 comst 用于切换标志变量 Blflag 的值,使计时器开始或停止计时。复位按钮 comre 用于设置标签控件 Labtimer 的标题值为 0,亦即复位计时器为 0。

Timer 事件过程将根据标志变量 Blflag 的真与假决定是否改变标签控件 Labtimer 的标题值,其表现形式即为是否计时。

需注意的是,Timer 事件的激发,并不是由标志变量 Blflag 决定,而是由"计时器间隔"(TimerInterval)属性的值决定的。

"计时器间隔"(TimerInterval)属性值也可以在代码中动态设置,例如,可使用设置语句: Me. TimerInterval=1000,若其属性值设为 0,将终止 Timer 事件的激发。

实验 3　创建简单的计算器

一、实验目的

(1) 掌握组合框和文本框属性的设置方法。

(2) 掌握控件 VBA 事件过程的设计方法。

(3) 掌握 Select Case 语句的使用。

二、实验内容

在数据库samp8.accdb中创建一个名为"计算器"的窗体,要求能进行加减乘除四则运算,如图8.10所示。具体要求如下。

(1) 在a和b文本框中输入操作数,在"运算符"下拉列表框中选择一种运算,默认为加法运算;单击"计算"按钮,将计算结果显示在c文本框中;单击"清除"按钮,清除a、b、c这三个文本框中的数据;单击"退出"按钮,则关闭窗体。

图8.10 计算器

(2) 单击"计算"按钮时,要检查a、b两个文本框是否都有操作数,只要有一个没有,就提示"操作数不能为空!";如果输入的数据不是数值,则提示"非法操作符!";在进行除法运算时,要检查操作数b是否为0,如果为0,则给出"除数不能为0!"的提示。

三、操作步骤

步骤1:打开数据库samp8.accdb,创建一个空白窗体,保存为"计算器",设置窗体属性,取消记录选择器、导航按钮和滚动条。

步骤2:在窗体中添加三个文本框,将其名称分别改为texta、textb和textc;添加三个命令按钮,标题分别改为"计算"、"清除"和"退出",名称修改为cmdCala、cmdClear和cmdExit;添加五个标签,用于提示信息。

步骤3:添加一个组合框,将其名称改为comboOper。设计结果如图8.11所示。

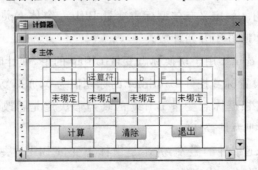

图8.11 设计的"计算器"窗体

步骤4:选中组合框,在"设计"选项卡的"工具"组中单击"属性表"按钮,将打开的属性表切换到"数据"选项卡;在"限于列表"下拉列表中选择"是",在"行来源类型"下拉列表中选择"值列表";单击"行来源"文本框后面的对话框启动按钮 [...],打开"编辑列表项目"对话框,分别输入"+"、"-"、"*"和"/"4个符号,在"默认值"下拉列表中选择"+",如图8.12所示;单击"确定"按钮,结果如图8.13所示。

步骤5:为"计算"按钮添加事件过程。右击"计算"按钮,在弹出的快捷菜单中选择"事件生成器"命令;弹出"选择生成器"对话框,选择"代码生成器",单击"确定"按钮;弹出VBE窗口,为cmdCala对象的Click过程输入代码:

图 8.12 "编辑列表项目"对话框　　　　　图 8.13 设置行来源

```
Private Sub cmdCala_Click()
    Dim op As String
    Dim a As Single, b As Single, c As Single
    '如果没有同时输入 a 和 b,会给出提示
    If IsNull(Forms![计算器]![texta]) Or IsNull(Forms![计算器]![textb]) Then
        MsgBox "操作数不能为空!", , "提示"
        Exit Sub
    End If
    '如果 a 或者 b 不是数值,会给出提示
    If IsNumeric(Me![texta])=False Or IsNumeric(Me![textb])=False Then
        MsgBox "非法操作数!", , "提示"
        Exit Sub
    End If
    '获取操作数和运算符
    a=Val(Me![texta])
    b=Val(Me![textb])
    op=Me!ComboOper
    '进行加减乘除运算
    Select Case op
        Case "+"
            c=a+b
        Case "-"
            c=a-b
        Case "*"
            c=a+b
        Case "/"
            '先判断除数是否为 0
            If b=0 Then
                MsgBox "除数不能为 0!", , "提示"
                Exit Sub
            Else
                c=a/b
            End If
```

```
        End Select
        Me![textc]=c
    End Sub
```

步骤 6：为"清除"按钮添加单击事件过程。Click 事件代码如下：

```
Private Sub cmdClear_Click()
    Me![texta]=""
    Me![textb]=""
    Me![textc]=""
End Sub
```

步骤 7：为"退出"按钮添加单击事件过程。Click 事件代码如下：

```
Private Sub cmdExit_Click()
    DoCmd.Close
End Sub
```

代码说明：

在进行输入数据验证操作时，可以使用 VBA 提供的一类格式函数来帮助进行验证。IsNumeric()函数用于判断控件输入的数据是否为数值。IsNull()函数用来判断输入的数据是否为一个无效值。若是，返回 True；否则返回 False。

实验 4　冒泡排序

一、实验目的

（1）掌握输入框和消息框的用法。

（2）掌握 For 循环语句的使用方法。

（3）掌握为按钮添加事件的方法。

（4）掌握数组的语法与使用。

二、实验内容

在数据库 samp12.accdb 中创建一个名为"冒泡排序"的窗体，如图 8.14 所示，单击"输入数据"按钮，弹出输入框；从键盘输入 10 个数据后，在"原始数据"标签下显示；单击"升序排列"按钮，则按从小到大的方式将数据排序，结果显示在"排序结果"标签下；单击"降序排列"按钮，则按从大到小的方式将数据排序。

三、操作步骤

步骤 1：打开数据库 samp12.accdb，创建一空白窗体，设置窗体的属性，取消记录选择器、导航按钮和滚动条，保存为"冒泡排序"。

步骤 2：添加一标签，输入标题"冒泡排序"，设置标题文字的属性为："华文琥珀"字体、红色、24 号，居中对齐。

步骤 3：添加 4 个标签，在第 1 个标签中输入标题"原始数据(10)个："，在第 3 个标签中输入标题"排序结果："；调整第 2 个和第 4 个标签的大小，分别命名为 labIn 和

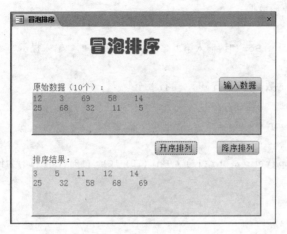

图 8.14　"冒泡排序"窗体

labOut；设置第 2 个标签的格式，背景色为"浅色页眉背景"，特殊效果为"凸起"；设置第 4 个标签的格式，背景色为"窗体背景"，特殊效果为"凸起"。

步骤 4：添加三个命令按钮，分别命名为 cmdInput、cmdAsc、cmdDes，输入标题"输入数据"、"升序排列"和"降序排序"，调整按钮的位置，如图 8.15 所示。

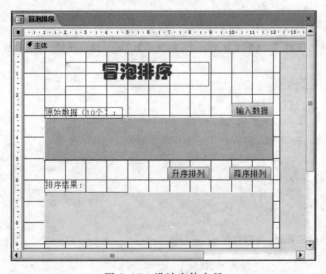

图 8.15　设计窗体布局

步骤 5：为"输入数据"按钮添加单击事件过程。Click 事件代码如下：

```
Dim a(1 To 10) As Integer
Private Sub cmdInput_Click()
    Dim a(1 To 10) As Integer
    Dim i As Integer
    Dim temp As String
    temp=""
```

```
'输入 10 个原始数据
For i=1 To 10
    a(i)=InputBox("请输入第" & i & "个数据：", "输入提示")
Next i
'显示排序前的数据,分两行显示,一行 5 个
For i=1 To 10
    temp=temp & a(i) & "      "
    If i=5 Then
        temp=temp & Chr(13) & Chr(10) 'Chr(13)、Chr(10)为回车符、换行符
    End If
Next i
labIn.Caption=temp
End Sub
```

注意：数组 a 要在多个过程中用到，要注意其作用域。

步骤 6：为"升序排列"按钮添加单击事件过程。Click 事件代码如下：

```
Private Sub cmdAsc_Click()
    Dim i As Integer, j As Integer, c As Integer
    Dim t As Integer
    Dim temp As String
    '数据两两比较时,如果前者比后者大,则交换数据,一趟排序后,最大的数据移至最后
    For i=1 To 10
        For j=1 To 10-i
            If a(j)>a(j+1) Then
                t=a(j+1)
                a(j+1)=a(j)
                a(j)=t
            End If
        Next j
    Next i
    '显示排序后的数据,分两行显示,一行 5 个
    For i=1 To 10
        temp=temp & a(i) & "      "
        If i=5 Then
            temp=temp & Chr(13) & Chr(10)
        End If
    Next i
    labOut.Caption=temp
End Sub
```

步骤 7：为"降序排列"按钮添加单击事件过程。降序排列的代码与升序类似，只需要将"If a(j)＞a(j+1) Then"改为"If a(j)＜a(j+1) Then"即可。

思考与练习

1. 在数据库 samp12. accdb 中创建一个名为"杨辉三角形"的窗体,单击窗体时显示杨辉三角形。杨辉三角形的特点是:左右两边全是 1,从第二行起,中间的每个数是上一行相邻两数之和,如下:

```
1
1    1
1    2    1
1    3    3    1
1    4    6    4    1
1    5   10   10    5    1
1    6   15   20   15    6    1
...
```

2. 创建一个窗体,添加三个文本框 a、b、c 和一个按钮"公约数",在文本框 a、b 中输入自然数 a 和 b,单击"公约数"按钮,则在文本框 c 中显示结果。

3. 编写程序,根据输入的年、月、日,判断这一天是这一年中的第几天。

第 9 章　VBA 数据库编程

9.1　经典题解

一、选择题

1. 在 Access 中，DAO 的含义是＿＿＿＿＿。

   A. 开放数据库互相应用编辑窗口　　　　B. 数据库访问对象

   C. Active 数据对象　　　　　　　　　　D. 数据库动态连接库

解析：数据库访问对象（DAO）是 VBA 提供的一种数据访问接口。包括数据库创建、表和查询的定义等工具，借助 VBA 代码可以灵活地控制数据访问的各种操作。

答案：B

2. ADO 对象模型包括 5 个对象，分别是 Connection、Command、Field、Error 和＿＿＿＿＿。

   A. Database　　　B. Workspace　　　C. Recordset　　　D. DBEngine

解析：ADO 对象模型主要的 5 个对象是 Connection、Command、Field、Error 和 Recordset。Connection 对象：用于建立与数据库的连接。Command 对象：在建立数据库连接后，可以发出命令操作数据源。Recordset 对象：表示数据操作返回的记录集。Field 对象：表示记录集中的字段数据信息。Error 对象：表示数据提供程序出错时的扩展信息。

答案：C

3. DAO 层次对象模型的顶层对象是＿＿＿＿＿。

   A. DBEngine

   B. Workspace

   C. Datebase

   D. Recordset

解析：DAO 模型的层次结构如图 9.1 所示，DBEngine 是 DAO 模型的最上层对象，包含并控制 DAO 模型中的其余全部对象。

答案：A

4. 用来测试当前读写位置是否达到文件末尾的函数是＿＿＿＿＿。

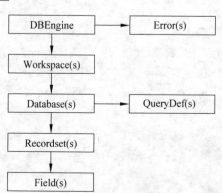

图 9.1　DAO 模型层次结构

A. EOF   B. FileLen   C. Len   D. LOF

解析：EOF 函数是用来测试当前读写位置是否位于"文件号"所代表文件的末尾。

答案：A

5. 利用 ADO 访问数据库的步骤是：

① 定义和创建 ADO 实例变量

② 设置连接参数并打开连接

③ 设置命令参数并执行命令

④ 设置查询参数并打开记录集

⑤ 操作记录集

⑥ 关闭、回收有关对象

这些步骤的执行顺序应该是_____。

A. ①④③②⑤⑥   B. ①③④②⑤⑥

C. ①③④⑤②⑥   D. ①②③④⑤⑥

解析：利用 ADO 访问数据库，想要读取数据库中的数据，先要定义和创建 ADO 对象实例变量，然后下一步就是要与数据库取得连接，接着利用连接参数进行数据库连接，连接后根据 SQL 命令执行返回记录集，并对记录集进行操作，当操作结束不需要使用连接对象时，要用 close 方法来关闭连接。

答案：D

二、填空题

1. 已知：Dim rs As new ADODB.RecordSet，在程序中为了得到记录集的下一条记录，应该使用的方法是 rs._____。

解析：当 VBA 程序打开某个记录后，利用 Recordset 对象的 MoveNext 方法可以使记录指针从当前位置向下移动到下一条记录。

答案：MoveNext

2. 下列过程的功能是：将当前数据库文件中"学生表"的所有学生"年龄"加 1。请在程序横线处填写适当的语句，使程序实现所需的功能。

```
Private sub SetAgePlus2_Click()
    Dim cn As New ADODB.Connection
    Dim rs As New ADODB.Recordset
    Dim fd As ADODB.Field
    Dim strConnect As String
    Dim strSQL As String

    Set cn=Currentproject.Connection
    strSQL="Select 年龄 from 学生表"
    rs.Open strSQL, cn, adOpenDynamic, adLockOptimistic, adCmdText
    Set fd=rs.Fields("年龄")

Do while Not rs.EOF
```

```
                fd=   (1)
                rs.Update
                rs.   (2)
            Loop

            rs.Close
            cn.Close
            Set rs=Nothing
            Set cn=Nothing
        End Sub
```

解析：本题通过 Open 语句打开数据库，并执行查询语句"Select 年龄 from 学生表"，rs 保存着记录集，通过语句 Set fd＝rs. Fields("年龄")将 fd 设置为"年龄"域。然后通过 Do 循环语句依次读取记录，并将年龄＋1，而 fd 为"年龄"域，年龄＋1 的操作就通过 fd＝fd＋1 来实现，然后更新数据域。完成后，将指针指向下一条记录，继续更新年龄，直到最后一条记录也处理完。MoveNext 方法可将当前记录位置向后移动一条。

答案：(1)fd＋1　(2)MoveNext

3. 已知一个名为"学生"的 Access 数据库，库中的表 Stud 存储学生的基本信息，包括学号、姓名、性别和籍贯。下面程序的功能是：通过如图 9.2 所示的窗体向 Stud 表中添加学生记录，对应"学号"、"姓名"、"性别"和"籍贯"的 4 个文本框的名称分别为 tNo、tName、tSex、tRes。当单击窗体中的"增加"命令按钮（名称为 Command1）时，首先判断学号是否重复，如果不重复则向 Stud 表中添加学生记录；如果学号重复，则给出提示信息。

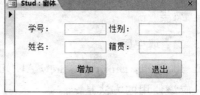

图 9.2　填空题 3 图

请依据所要求的功能，将如下程序补充完整。

```
Dim ADOcn  As New  ADODB.Connection
        Private Sub Form_Load()
            '打开窗口时，连接 Access 数据库
            Set ADOcn=CurrentProject.Connection
        End Sub
        Private Sub Command1_Click()
            '增加学生记录
            Dim strSQL As String
            Dim ADOrs As New ADODB.Recordset
            Set ADOrs.ActiveConnection=ADOcn
            ADOrs.Open"Select 学号 From Stud Where 学号="+tNo+"
            If  Not ADOrs.   (1)   Then
                    '如果该学号的学生记录已经存在，则显示提示信息
                    MsgBox"你输入的学号已存在，不能增加!"
            Else
                '增加新学生的记录
```

```
            strSQL="Insert Into stud(学号,姓名,性别,籍贯)
            strSQL=strSQL+"Values("+tNo+", "+tName+", "+tSex+",
            "+tRes+")"ADOcn.Execute  (2)
            MsgBox "添加成功,请继续!"
        End If
        ADOrs.Close
        Set ADOrs=Nothing
    End Sub
```

解析：EOF 指示当前记录位置位于 Recordset 对象的最后一个记录之后,属性返回布尔型值。使用 BOF 和 EOF 属性可以确定 Recordset 对象是否包含记录,或者从一个记录移动到另一个记录时是否超出 Recordset 对象的限制。如果 EOF 属性为 TRUE,则没有当前记录。执行 IF 语句如果表中已有相同学号的记录,则显示"你输入的学号已存在,不能增加!",如果没有,则向表中添加录入的记录 strSQL。

答案：(1)EOF　(2)strSQL

9.2　同步自测

一、选择题

1. 下列程序的功能是返回当前窗体的记录集:

```
Sub GetRecNum()
    Dim rs As Object
    Set rs=_____
    MsgBox rs.RecordCount
End Sub
```

为保证程序输出记录集(窗体记录源)的记录数,空白处应填入的语句是_____。

    A. Recordset　　　　　　　　B. Me. Recordset

    C. RecordSource　　　　　　　D. Me. RecordSource

2. 在已建窗体中有一命令按钮(名为 Command1),该按钮的单击事件对应的 VBA 代码为:

```
Private Sub Command1_Click()
    subT.Form.RecordSource="select * from 雇员"
End Sub
```

单击该按钮实现的功能是_____。

    A. 使用 select 命令查找"雇员"表中的所有记录

    B. 使用 select 命令查找并显示"雇员"表中的所有记录

    C. 将 subT 窗体的数据来源设置为一个字符串

    D. 将 subT 窗体的数据来源设置为"雇员"表

3. 能够实现从指定记录集里检索特定字段值的函数是_____。

A. Nz   B. Find   C. Lookup   D. DLookup

4. 下列程序段的功能是实现"学生"表中"年龄"字段值加1：

```
Dim Str As String
Str="_____"
Docmd.RunSQL Str
```

空白处应填入的程序代码是_____。

A. 年龄＝年龄＋1   B. Update 学生 Set 年龄＝年龄＋1

C. Set 年龄＝年龄＋1   D. Edit 学生 年龄＝年龄＋1

二、填空题

1. 现有用户登录界面如图 9.3 所示。

窗体中名为 username 的文本框用于输入用户名，名为 pass 的文本框用于输入用户的密码。用户输入用户名和密码后，单击"登录"（名为 login）按钮，系统查找名为"密码表"的数据表，如果密码表中有指定的用户名且密码都正确，则系统根据用户的"权限"分别进入"管理员窗体"和"用户窗体"；如果用户名或密码输入错误，则给出相应的提示信息。密码表中的字段均为文本类型，数据如图 9.4 所示。

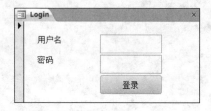

图 9.3 填空题1图一

密码表		
用户名	密码	权限
Chen	1234	
Zhang	5678	管理员
Wang	1234	

图 9.4 填空题1图二

单击"登录"按钮后相关的事件代码如下，请补充完整。

```
Private Sub login_Click()
    Dim str As String
    Dim rs As New ADODB.Recordset
    Dim fd as ADODB.Field
    Set cn=CurrentProject.Connection
    logname=Trim(Me!username)
    pass=Trim(Me!pass)
    If Len(Nz(logname))=0 Then
        MsgBox "输入用户名"
    Else If Len(Nz(pass))=0 Then
        MsgBox "请输入密码"
    Else
        str="select * from 密码表 where 用户名=" & logname &
        str=str & " and 密码=" & pass & " "
        rs.Open str,cn,adOpenDynamic,adLockOptimistic,adCmdText
    If  (1)  Then
```

```
            MsgBox "没有这个用户名或密码输入错误,请重新输入"
            Me.username=""
            me.pass=""
        Else
            Set  (2)  =rs.fields("权限")
            If  fd="管理员"  Then
              DoCmd.Close
              DoCmd.OpenForm "管理员窗体"
              MsgBox "欢迎您,管理员"
            Else
              DoCmd.Close
              DoCmd.OpenForm "用户窗体"
              MsgBox"欢迎使用会员管理系统"
            End If
        End If
    End If
End Sub
```

2. 数据库中有"平时成绩表",包括"学号"、"姓名"、"平时作业"、"小测验"、"期中考试"、"平时成绩"和"能否考试"等字段。其中,平时成绩＝平时作业×50％＋小测验×10％＋期中成绩×40％,如果学生平时成绩大于等于 60 分,则可以参加期末考试("能否考试"字段为真),否则学生不能参加期末考试。

下面的程序按照上述要求计算每名学生的平时成绩并确定是否能够参加期末考试。请在空白处填入适当的语句,使程序可以完成所需的功能。

```
Private Sub Command0_Click()
    Dim db As DAO.Database
    Dim rs As DAO.Recordset
    Dim pszy As DAO.Field, xcy As DAO.Field, qzks As DAO.Field
    Dim ps As DAO.Field, ks As DAO.Field

    Set db=CurrentDb()
    Set rs=db.OpenRocoredset("平时成绩表")
    Set pszy=rs.Fields("平时作业")
    Set xcy=rs.Fields("小测验")
    Set qzks=rs.Fields("期中考试")
    Set ps=re.Fields("平时考试")
    Set ks=rs.Fields("能否考试")

    Do While Not rs.EOF
        rs.Edit
        ps=  (3)
        If ps> =60 Then
            ks=True
```

```
            Else
                ks=False
            End If
            rs.    (4)
            rs.MoveNext
        Loop
        rs.Close
        db.Close
        Set rs=Nothing
        Set db=Nothing
    End Sub
```

3. 数据库中有"学生成绩表"，包括"姓名"、"平时成绩"、"考试成绩"和"期末总评"等字段。现要根据"平时成绩"和"考试成绩"对学生进行"期末总评"。规定："平时成绩"加"考试成绩"大于等于 85 分，则期末总评为"优"；"平时成绩"加"考试成绩"小于 60 分，则期末总评为"不及格"；其他情况期末总评为"合格"。

下面的程序按照上述要求计算每名学生的期末总评。请在空白处填入适当的语句，使程序可以完成指定的功能。

```
Private Sub Command0_Click()
    Dim db As DAO.Database
    Dim rs As DAO.Recordset
    Dim pscj,kscj,qmzp As DAO.Field

    Dim count As Integer

    Set db=CurrentDb()
    Set rs=db.OpenRecordset("学生成绩表")
    Set pscj=rs.Fields("平时成绩")
    Set kscj=rs.Fields("考试成绩")
    Set qmzp=rs.Fields("期末总评")

    count=0
    Do While Not rs.EOF
        (5)
        If pscj+kscj> =85 Then
            qmzp="优"
        ElseIf pscj+kscj< 60 Then
            qmzp="不及格"
        Else
            qmzp="合格"
        End If
        rs.Update
        count=count+1
```

```
      (6)
    Loop
    rs.Close
    db.Close
    Set rs=Nothing
    Set db=Nothing
    MsgBox "学生人数: "&count
End Sub
```

4. 数据库中有工资表,包括"姓名"、"工资"和"职称"等字段,现要对不同职称的职工增加工资,规定教授职称增加 15%,副教授职称增加 10%,其他人员增加 5%。下列程序的功能是按照上述规定调整每位职工的工资,并显示所涨工资的总和。请在空白处填入适当的语句,使程序可以完成指定的功能。

```
Private Sub Command5_Click()
    Dim ws As DAO.Workspace
    Dim db As DAO.Database
    Dim rs As DAO.Recordset
    Dim gz As DAO.Field
    Dim zc As DAO.Field
    Dim sum As Currency
    Dim rate As Single
    Set db=CurrentDb()
    Set rs=db.OpenRecordset("工资表")
    Set gz=rs.Fields("工资")
    Set zc=rs.Fields("职称")
    sum=0
    Do While Not    (7)
       rs.Edit
       Select Case zc
       Case Is="教授"
           rate=0.15
       Case Is="副教授"
           rate=0.1
       Case Else
           rate=0.05
       End Select
       sum=sum+gz * rate
       gz=gz+gz * rate
         (8)
       rs.MoveNext
    Loop
    rs.Close
    db.Close
```

```
            Set rs=Nothing
            Set db=Nothing
            MsgBox "涨工资总计:" & sum
     End Sub
```

9.3　上机实验

实验　创建人事管理系统

一、实验目的

(1) 掌握数据库系统开发的一般步骤。

(2) 了解人事管理系统的一般功能组成。

(3) 综合运用所学知识完成数据库的建立,表、查询、窗体、报表等子对象的设计和创建。

(4) 掌握通过 ADO 访问数据库的方法。

二、实验内容

设计一个简单的人事管理系统,该系统应满足以下几个要求。

(1) 当有新员工加入公司时能够方便地将该员工的个人详细信息添加入数据库中;添加以后,还可以对员工的记录进行修改。设计的最终效果如图 9.5 所示。

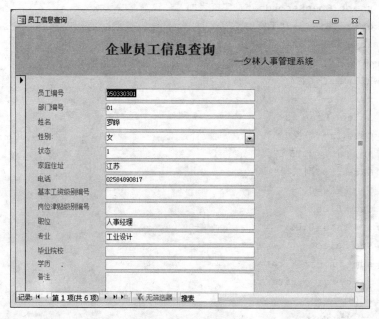

图 9.5　信息查询窗口

(2) 用户应能够方便地通过该系统来记录公司内部的人事调动情况。

(3) 该系统还应该能够实现员工考勤记录查询和员工工资查询，能够将查询的结果打印成报表，以方便发放工资条。该功能的创建效果如图 9.6 所示。

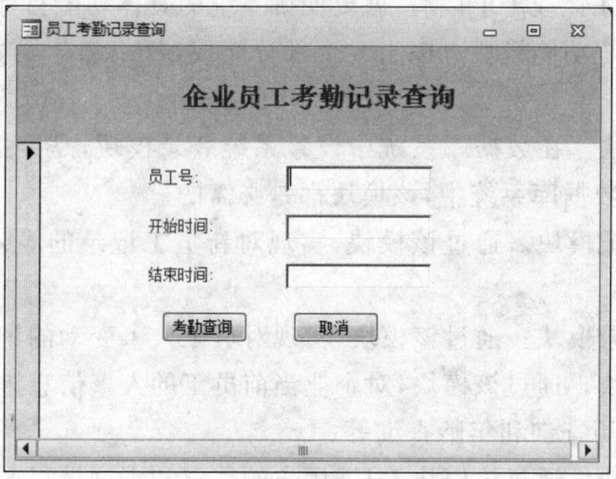

图 9.6　考勤记录查询窗口

(4) 该系统还应能够生成所有的考勤记录报表和工资发放记录报表。创建的最终效果如图 9.7 所示。

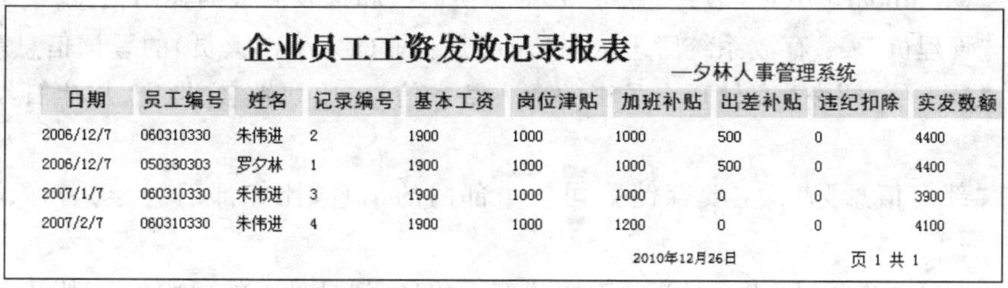

企业员工工资发放记录报表

—夕林人事管理系统

日期	员工编号	姓名	记录编号	基本工资	岗位津贴	加班补贴	出差补贴	违纪扣除	实发数额
2006/12/7	060310330	朱伟进	2	1900	1000	1000	500	0	4400
2006/12/7	050330303	罗夕林	1	1900	1000	1000	500	0	4400
2007/1/7	060310330	朱伟进	3	1900	1000	1000	0	0	3900
2007/2/7	060310330	朱伟进	4	1900	1000	1200	0	0	4100

2010年12月26日　　页 1 共 1

图 9.7　工资发放记录报表

三、操作步骤

步骤 1：需求分析。

那么一个企业到底需要什么样的人事管理系统呢？每一个企业都有自己的不同需求，即使有同样的需求也很可能有不同的工作习惯，因此在程序开发之前，和企业进行充分的沟通和交流，了解需求是十分重要的。

在这里是以假设的需求进行开发该人事管理系统的。假设的需求主要有以下几点。

(1) 人事管理系统首先应该能够对企业当前的人事状况进行记录，包括企业和员工的劳动关系、员工的就职部门、主要工作职责和上级经理等。

(2) 其次，系统应该能够对企业员工的人事变更情况进行记录，并据此可以灵活修改工作职责等各种人事状况信息。

(3) 再次，系统应该能够根据需要进行各种统计和查询，比如查询员工的年龄、学历等，以便给人力管理部门进行决策参考。

(4) 最后，系统还应该对求职者信息进行相应的管理，能够发掘合适的人才，加盟该公司。

步骤 2：模块设计。

了解了企业的人才管理需求以后，就要明确系统的具体功能目标，设计好各个功能模块。企业人事管理系统功能模块可以由 6 个部分组成，每一部分根据实际应用又包含不同的功能。

（1）系统登录模块。在数据库系统中设置系统登录模块，是维持系统安全性的最简单方法。在任何一个数据库系统中，该模块都是必需的。

（2）员工人事登记模块。通过该模块，实现对新员工记录的输入和现有员工记录的修改。

（3）员工人事记录模块。通过该模块，实现对员工人事变动的记录和查看管理。

（4）统计查询模块。通过该模块，对企业当前员工的人事信息进行查询，比如薪资查询、考勤情况查询、学历查询和年龄查询等。

（5）报表生成模块。通过该模块，根据用户的需求和查询结果产生相应的报表。

（6）招聘管理模块。通过该模块，主要对求职者的信息进行保存和查询，以方便招聘活动的进行，发掘企业的有用之才。

步骤 3：在该"人事管理系统"中，初步设计 17 张数据表，各个表存储的信息如下。

（1）Switchboard Items 表：主要存放主切换面板和报表面板的显示信息。

（2）"管理员"表：存放系统管理人员（一般是企业的人事部人员）的登记信息等。

（3）"员工信息"表：存储现有员工的个人基本信息，比如姓名、性别、出生日期、所属级别等。

（4）"部门信息"表：主要存储公司各个部门的信息，比如部门编号、名称、部门经理等。

（5）"人事变更记录"表：存储员工职位变更信息，记录员工的原职位和现职位。

（6）"班次配置"表：记录员工的上班班次信息。

（7）"出勤记录"表：记录所有员工每天的出勤记录。

（8）"出勤配置"表：记录员工的出勤信息。

（9）"级别工资配置"表：记录员工所处工资级别的具体信息。

（10）"加班记录"表：记录员工的加班记录，以用于工资的核算。

（11）"企业工资发放记录"表：企业的工资财务记录，保存已经核发工资的员工具体内容。

（12）"企业工资计算规则"表：保存企业内部工资计算规则。

（13）"职位津贴配置"表：保存企业内部关于津贴的具体信息。

（14）"缺勤记录"表：记录所有员工的缺勤信息。

（15）"月度出勤汇总"表：保存企业员工每月的出勤信息汇总。

（16）"签到记录"表：记录员工的签到信息。

（17）"签出记录"表：如果员工需要签出时，使用该表登记在册。

步骤 4：新建一个名称为"人事管理系统"的空白数据库。

步骤 5：设计 Switchboard Items 表，如表 9.1 所示。

表 9.1　**Switchboard Items 表结构**

列　名	数据类型	字段宽度	主　键
SwitchboardID	数字	长整型	是
ItemNumber	数字	长整型	是
ItemText	文本	255	否
Command	数字	长整型	否
Argument	文本	255	否

步骤 6：设计"管理员"表，如表 9.2 所示。

表 9.2　**"管理员"表结构**

字　段　名	数据类型	字段宽度	是否主键
员工编号	文本	9	是
用户名	文本	18	否
密码	文本	18	否

步骤 7：设计"员工信息"表，如表 9.3 所示。

表 9.3　**"员 工 信 息"表结构**

字　段　名	数据类型	字段宽度	是否主键
员工编号	文本	9	是
姓名	文本	18	否
性别	文本	是/否	否
部门编号	文本	2	否
职位	文本	18	否
学历	文本	6	否
毕业院校	文本	255	否
专业	文本	255	否
家庭住址	文本	255	否
电话	文本	18	否
状态	文本	1	否
备注	文本	255	否
基本工资级别编号	文本	6	否
岗位津贴级别编号	文本	6	否

步骤 8：设计"部门信息"表，如表 9.4 所示。

表 9.4 "部门信息"表结构

字 段 名	数据类型	字段宽度	是否主键
编号	文本	2	是
名称	文本	18	否
经理	文体	9	否
备注	文本	255	否

步骤 9：设计"人事变更记录"表，如表 9.5 所示。

表 9.5 "人事变更记录"表结构

字 段 名	数据类型	字段宽度	是否主键
记录编号	自动编号		是
员工编号	文本	9	否
原职位	文本	18	否
现职位	文本	18	否
登记时间	日期/时间		否
备注	文本	255	否

步骤 10：设计"班次配置"表，如表 9.6 所示。

表 9.6 "班次配置"表结构

字 段 名	数据类型	字段宽度	是否主键
班次编号	文本	2	是
名称	文本	18	否
班次开始时间	日期/时间		否
班次结束时间	日期/时间		否
备注	文本	255	

步骤 11：设计"出勤记录"表，如表 9.7 所示。

表 9.7 "出勤记录"表结构

字 段 名	数据类型	字段宽度	是否主键
记录号	自动编号		是
日期	日期/时间		否
员工编号	文本	9	否
出勤配置编号	数字	长整型	否

步骤 12：设计"出勤配置"表，如表 9.8 所示。

表 9.8　"出勤配置"表结构

字　段　名	数据类型	字段宽度	是否主键
出勤配置编号	数字	长整型	是
出勤说明	文本	255	否

步骤 13：设计"级别工资"表，如表 9.9 所示。

表 9.9　"级别工资"表结构

字　段　名	数据类型	字段宽度	是否主键
级别工资编号	文本	6	是
名称	文本	18	否
金额	数字	单精度型	否
备注	文本	255	否

步骤 14：设计"加班记录"表，如表 9.10 所示。

表 9.10　"加班记录"表结构

字　段　名	数据类型	字段宽度	是否主键
加班日期	日期/时间		是
员工编号	文本	9	是
加班开始时间	日期/时间		否
加班结束时间	日期/时间		否
持续时间	数字	长整型	否

步骤 15：设计"企业工资发放记录"表，如表 9.11 所示。

表 9.11　"企业工资发放记录"表结构

字　段　名	数据类型	字段宽度	是否主键
记录编号	自动编号		是
年份	数字	长整型	否
月份	数字	长整型	否
日期	日期/时间		否
员工编号	文本	9	否
基本工资数额	数字	单精度型	否
岗位津贴数额	数字	单精度型	否
加班补贴数额	数字	单精度型	否
出差补贴数额	数字	单精度型	否
违纪扣除数额	数字	单精度型	否
实际应发数额	数字	单精度型	否
备注	文本	255	否

步骤 16：设计"企业工资计算规则"表，如表 9.12 所示。

表 9.12　"企业工资计算规则"表结构

字　段　名	数据类型	字段宽度	是否主键
加班补贴	数字	单精度型	否
出差补贴	数字	单精度型	否
迟到/早退扣除	数字	单精度型	否
缺席扣除	数字	单精度型	否

步骤 17：设计"签出记录"表，如表 9.13 所示。

表 9.13　"签出记录"表结构

字　段　名	数据类型	字段宽度	是否主键
日期	日期/时间	单精度型	是
员工编号	文本	9	是
班次编号	文本	2	否
签出时间	日期/时间		否
备注	文本	255	否

步骤 18：设计"签到记录"表，如表 9.14 所示。

表 9.14　"签到记录"表结构

字　段　名	数据类型	字段宽度	是否主键
日期	日期/时间	单精度型	是
员工编号	文本	9	是
班次编号	文本	2	否
签到时间	日期/时间		否
备注	文本	255	否

步骤 19：设计"缺勤记录"表，如表 9.15 所示。

表 9.15　"缺勤记录"表结构

字　段　名	数据类型	字段宽度	是否主键
日期	日期/时间	单精度型	是
员工编号	文本	9	是
缺勤原因	文本	255	否
缺勤天数	数字	长整型	否
缺勤开始时间	日期/时间		否
缺勤结束时间	日期/时间		否
备注	文本	255	否

步骤 20：设计"月度出勤汇总"表，如表 9.16 所示。

表 9.16　"月度出勤汇总"表结构

字　段　名	数据类型	字段宽度	是否主键
员工编号	文本	9	是
签到次数	数字	长整型	否
签出次数	数字	长整型	否
迟到次数	数字	长整型	否
早退次数	数字	长整型	否
出差天数	数字	长整型	否
请假天数	数字	长整型	否
休假天数	数字	长整型	否
加班时间汇总	数字	长整型	否

步骤 21：设计"职位津贴配置"表，如表 9.17 所示。

表 9.17　"职位津贴配置"表结构

字　段　名	数据类型	字段宽度	是否主键
职位津贴编号	文本	6	是
名称	文本	18	否
数额	数字	单精度型	否
备注	文本	255	否

步骤 22：建立各表之间的表关系，如表 9.18 所示。

表 9.18　表间的关系

表　　名	字　段　名	相关表名	字　段　名
员工信息	员工编号	管理员	员工编号
员工信息	员工编号	人事变更信息	员工编号
员工信息	员工编号	出勤记录	员工编号
员工信息	员工编号	企业工资发放记录	员工编号
员工信息	员工编号	签到记录	员工编号
员工信息	员工编号	签出记录	员工编号
员工信息	员工编号	月度出勤汇总	员工编号
员工信息	员工编号	缺勤记录	员工编号
员工信息	员工编号	加班记录	员工编号

续表

表　名	字　段　名	相关表名	字　段　名
员工信息	员工编号	部门信息	经理编号
部门信息	部门编号	员工信息	部门编号
级别工资配置	级别工资编号	员工信息	基本工资级别编号
岗位津贴配置	岗位津贴编号	员工信息	岗位津贴级别编号
出勤配置	出勤配置编号	出勤记录	出勤配置编号
班次配置	班次编号	签出记录	班次编号
班次配置	班次编号	签到记录	班次编号

建立这些关系后可以在"关系"视图中预览所有的关联关系,如图9.8所示。

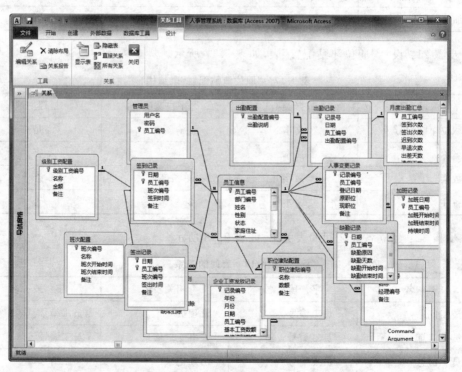

图9.8　建立好的关系

步骤23:设计"主切换面板"。"主切换面板"窗体是整个"人事管理系统"的入口,它主要起功能导航的作用。

(1)将窗体标题更改为"欢迎使用夕林人事管理系统",并设置标题格式,如图9.9所示。

(2)选择一个Bmp图片作为徽标,并将"图片类型"设为"嵌入",最终结果如图9.10所示。

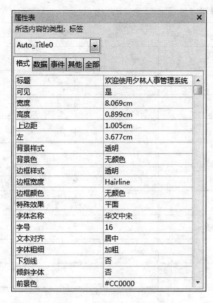

图 9.9　设置标题格式

图 9.10　添加的图标

（3）设置主体背景颜色。

（4）添加按钮和标签，如图 9.11 所示。

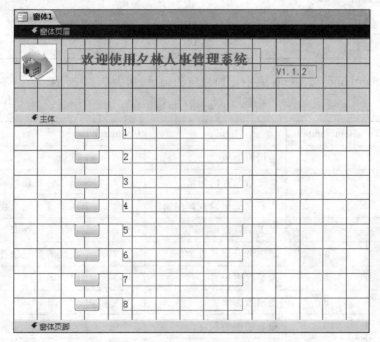

图 9.11　添加的控件

修改每个控件的属性，如表 9.19 所示。

表 9.19 控件的属性

类　型	名　称	标　题
标签	lbl1	1
标签	lbl2	2
标签	lbl3	3
标签	lbl4	4
标签	lbl5	5
标签	lbl6	6
标签	lbl7	7
标签	lbl8	8
按钮	btn1	
按钮	btn2	
按钮	btn3	
按钮	btn4	
按钮	btn5	
按钮	btn6	
按钮	btn7	
按钮	btn8	

（5）在 Switchboard Items 表中添加相应的记录，如表 9.20 所示。

表 9.20 记录

SwitchboardID	ItemNumber	ItemText	Command	Argument
1	0	主切换面板	0	默认
1	1	员工信息查询编辑	2	员工信息查询编辑
1	2	人事变更记录查询编辑	2	人事变更记录查询编辑
1	3	员工工资查询	2	员工工资查询
1	4	员工考勤记录查询	2	员工考勤记录查询
1	5	预览报表…	2	2
1	8	退出数据库	4	
2	0	报表切换面板	0	
2	1	企业工资发放记录报表	3	企业工资发放记录报表
2	2	企业员工出勤记录报表	3	企业员工出勤记录报表
2	8	返回主面板	1	1

这个表记录着"主切换面板"上的按钮控件和标签控件的数量和显示标题信息。程序通过这些记录信息来控制其运行流程。

步骤24：创建"登录"窗体，所有窗体控件信息如表9.21所示。

表 9.21　窗体控件信息

类　型	名　称	标　题
标签	用户名	用户名：
标签	密码	密码：
文本框	UserName	
文本框	Password	
按钮	OK	确定
按钮	Cancel	取消

创建的窗体如图9.12所示。

步骤25：创建"员工信息查询"窗体，如图9.13所示。

步骤26：创建"员工人事变更记录"窗体，如图9.14所示。

步骤27：建立一个接受用户输入参数的"员工考勤记录查询"窗体，以实现查询，如图9.15所示。

窗体中各个控件的属性，如表9.22所示。

图 9.12　"登录"窗体

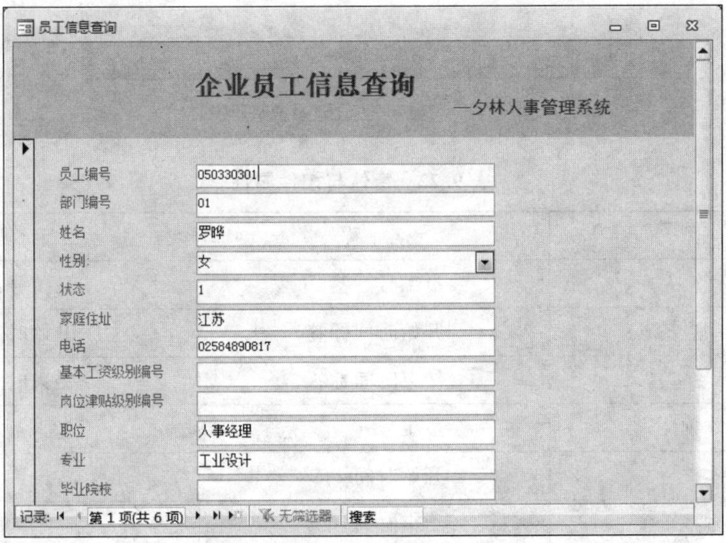

图 9.13　"员工信息查询"窗体

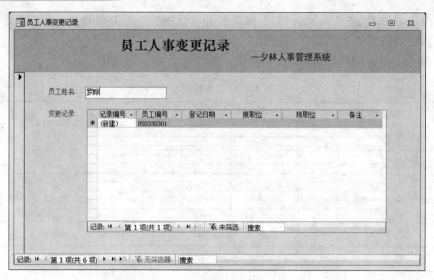

图 9.14 "员工人事变更记录"窗体

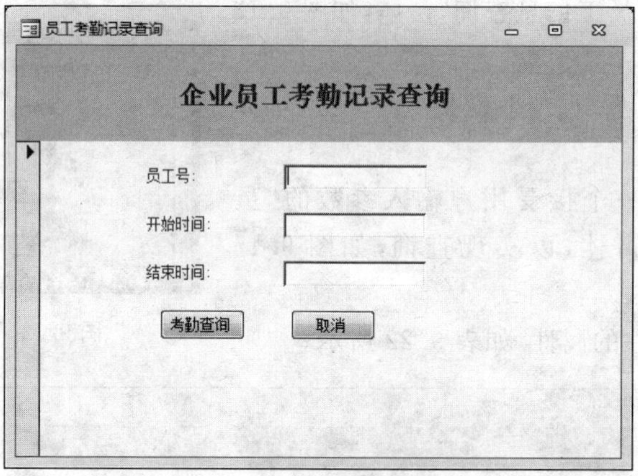

图 9.15 "员工考勤记录查询"窗体

表 9.22 窗体与控件属性

类 型	名 称	标 题
标签	员工号标签	员工号：
标签	开始时间标签	开始时间：
标签	结束时间标签	结束时间：
文本框	员工号	
文本框	开始时间	
文本框	结束时间	
按钮	考勤查询	
按钮	取消	

步骤28：创建"员工工资查询"窗体，如图9.16所示。

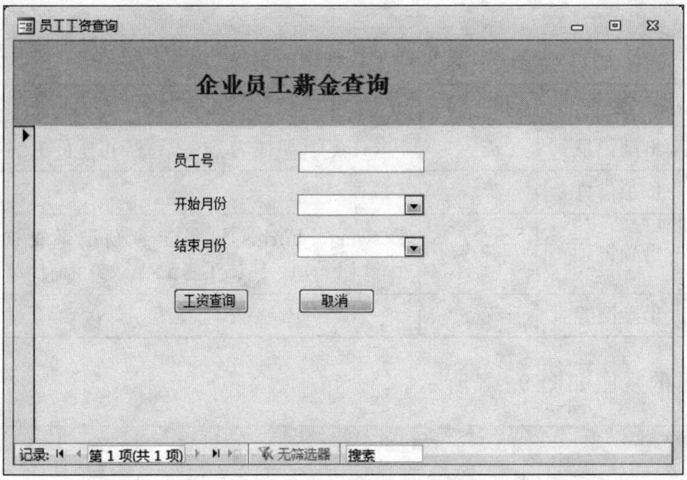

图9.16 "员工工资查询"窗体

所有窗体控件信息如表9.23所示。

表9.23 窗体与控件属性

类 型	名 称	标 题
标签	员工号标签	员工号
标签	开始月份标签	开始月份
标签	结束月份标签	结束月份
文本框	员工号	
组合框	开始月份	
组合框	结束月份	
按钮	工资查询	
按钮	取消	

其中，在创建窗体的组合框控件"开始月份"和"结束月份"时，创建的效果如图9.17所示。

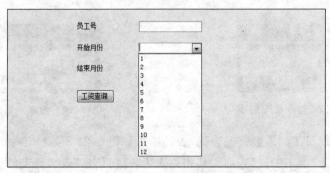

图9.17 组合框效果

建立"员工考勤记录"查询的目的是查询企业内员工的考勤信息,需要显示的字段如表 9.24 所示。

表 9.24　查询中的字段

字　段	表	排序	条　件
员工编号	出勤记录	无	[Forms]![员工考勤记录查询]![员工编号]
姓名	员工信息	无	
日期	出勤记录	升序	Between [Forms]![员工考勤记录查询]![开始日期] And [Forms]![员工考勤记录查询]![结束日期]
出勤说明	出勤配置	无	

设置好以后的视图如图 9.18 所示。

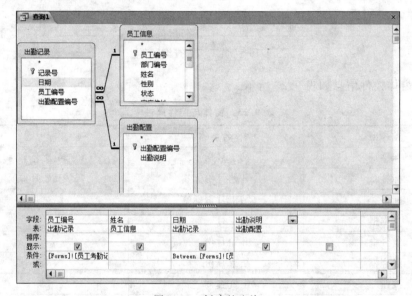

图 9.18　创建的查询

在导航窗格中双击执行该查询,可以弹出要求用户输入参数值的对话框,如图 9.19 所示。输入员工编号,单击"确定"按钮,在弹出的对话框中输入开始日期和结束日期,如图 9.20 所示。

图 9.19　输入员工编号

图 9.20　输入开始日期

这样即可实现员工的考勤情况查询,查询结果如图 9.21 所示。

步骤 29:创建"员工工资"查询。其相关表为"部门信息"表、"员工信息"表和"企业工资发放记录"表三个表,其字段信息如表 9.25 所示。

图 9.21　查询结果

表 9.25　查询中的字段

字　段	表	排序	条　件
部门名称	部门信息	无	
员工编号	企业工资发放记录	无	[Forms]![员工工资查询]![员工号]
姓名	员工信息	无	
月份	企业工资发放记录	升序	Between [Forms]![员工工资查询]![开始月份] And [Forms]![员工工资查询]![结束月份]
年份	企业工资发放记录	升序	
实际应发数额	企业工资发放记录	无	
基本工资数额	企业工资发放记录	无	
岗位津贴数额	企业工资发放记录	无	
加班补贴数额	企业工资发放记录	无	
出差补贴数额	企业工资发放记录	无	
违规扣除数额	企业工资发放记录	无	

将该查询保存为"员工工资查询"，如图 9.22 所示。

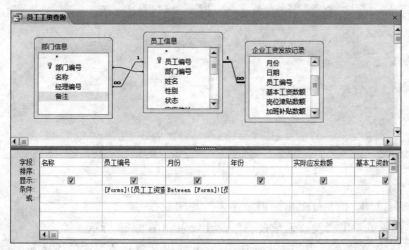

图 9.22　"员工工资查询"设计

步骤 30：创建"员工考勤记录查询报表"。该报表以"员工考勤记录查询"为数据源，进行考勤数据的筛选和查询。在导航窗格中双击报表，弹出要求用户输入"员工编号"的对话框。输入正确的参数以后，就可以查看该报表，如图 9.23 所示。

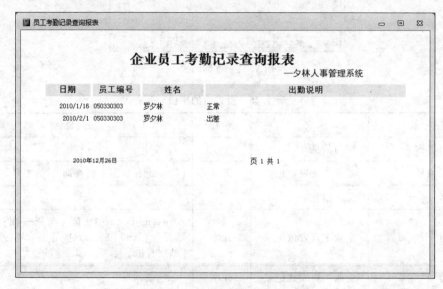

图 9.23　员工考勤记录查询报表

步骤 31：创建"员工工资查询报表"。该报表以"员工工资查询"为数据源，进行员工已发薪金的筛选和查询；在导航窗格中双击报表，弹出要求用户输入员工编号的对话框。输入正确的参数以后，就可以查看该报表，如图 9.24 所示。

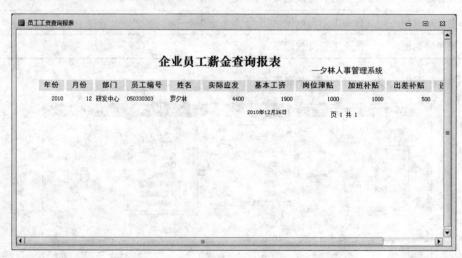

图 9.24　员工工资查询报表

步骤 32：创建"企业员工出勤记录报表"，如图 9.25 所示。

创建"企业员工工资发放记录报表"，设计效果如图 9.26 所示。

步骤 33：建立该系统中的一个通用模块，其作用是建立数据库的连接和用户登录等。

图 9.25 企业员工出勤记录报表

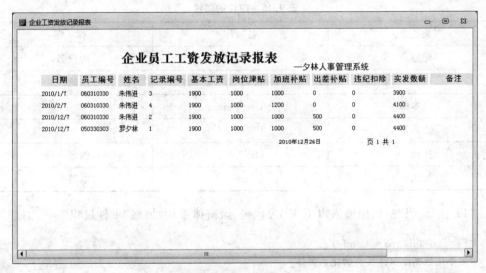

图 9.26 企业员工工资发放记录报表

在"代码"窗口中输入以下代码:

```
Option Compare Database
Option Explicit
Public check As Boolean
'通过字符串 StrQuery 所引用的 SQL 语句返回一个
'ADO.Recordset 对象
Public Function GetRs(ByVal StrQuery As String) As ADODB.Recordset
    Dim rs As New ADODB.Recordset
    Dim conn As New ADODB.Connection
    On Error GoTo GetRS_Error
    Set conn=CurrentProject.Connection
    rs.Open StrQuery, conn, adOpenKeyset,
```

```
            adLockOptimistic
            Set GetRs=rs
GetRS_Exit:
            Set rs=Nothing
            Set conn=Nothing
            Exit Function
GetRS_Error:
            MsgBox (Err.Description)
            Resume GetRS_Exit
End Function
```

步骤34：设计"登录"窗体代码。前面已经创建了"登录"窗体,增加登录代码的设计其实就是给窗体中的各个控件加上事件过程,使用户操作窗体中的控件时,程序能够对用户的操作做出响应。"登录"窗体中各个控件的名称和参数如表9.26所示。

表 9.26 控件的属性

类 型	名 称	标 题
标签	用户名	用户名：
标签	密码	密码：
文本框	UserName	
文本框	Password	
按钮	OK	确定
按钮	Cancel	取消

（1）在"代码"窗口中输入以下 VBA 代码,给窗体添加"加载"事件过程。

```
Private Sub Form_Load()
'最小化数据库窗体并初始化该窗体
    On Error GoTo Form_Open_Err
    DoCmd.SelectObject acForm, "切换面板", True
    DoCmd.Minimize
    check=False
Form_Open_Exit:
    Exit Sub
Form_Open_Err:
    MsgBox Err.Description
    Resume Form_Open_Exit
End Sub
```

该"加载"事件过程的作用,就是要实现当用户要登录系统,打开该窗体时,最小化系统中的"切换面板"窗体。

（2）在"代码"窗口中输入以下 VBA 代码,给"确定"按钮控件添加"单击"事件过程。

```
Private Sub OK_Click()
    On Error GoTo Err_OK_Click
    Dim strSQL As String
    Dim rs As New ADODB.Recordset
If IsNull(Me.UserName) Or Me.UserName="" Then
    DoCmd.Beep
    MsgBox ("请输入用户名称!")
ElseIf IsNull(Me.Password) Or Me.Password="" Then
        DoCmd.Beep
        MsgBox ("请输入密码!")
        Else
        strSQL="SELECT * FROM 管理员 WHERE 用
        户名='" & Me.UserName & "' and 密码='"
         & Me.Password & "'"
         Set rs=GetRs(strSQL)
         If rs.EOF Then
             DoCmd.Beep
             MsgBox ("用户名或密码错误!")
             Me.UserName=""
             Me.Password=""
             Me.UserName.SetFocus
             Exit Sub
         Else
             DoCmd.Close
             check=True
             DoCmd.OpenForm ("主切换面板")
         End If
    End If
    Set rs=Nothing
Exit_OK_Click:
    Exit Sub
Err_OK_Click:
    MsgBox (Err.Description)
    Debug.Print Err.Description
    Resume Exit_OK_Click
End Sub
```

该"单击"事件过程的作用,就是要当用户单击"确定"按钮时,系统自动检查 UserName 文本框和 Password 文本框中的值,并将该值和"管理员"表中的值进行比较。如果该用户名和密码都存在,那么设置 Check 布尔值为 True,返回"主切换面板"窗体;如果用户名和密码存在错误,则弹出对话框,提示登录过程出错。

(3) 在"代码"窗口中输入如下所示的 VBA 代码,给"取消"按钮控件添加"单击"事件过程。

```
Private Sub Cancel_Click()
    check=False
    DoCmd.Close
End Sub
```

步骤35：添加"主切换面板"窗体代码。前面建立了主切换面板的窗体,并设置了窗体中的各个控件,但是该窗体没有任何的事件过程,只是一个界面,还必须为该窗体加上代码,才能完成设计的功能。

(1) 为"主切换面板"窗体上的 btn1 按钮控件添加"单击"事件过程。打开"属性表"窗格,并将其切换到"数据"选项卡;在"记录源"下拉列表框中选择 Switchboard Items 表,如图 9.27 所示;单击 btn1 按钮,把"属性表"窗格切换到"事件"选项卡,在"单击"组合框输入"= HandleButtonClick(1)",添加 btn1 按钮"单击事件"的响应程序,如图 9.28 所示。

图 9.27 设置记录源

图 9.28 添加"单击"事件

(2) 重复第(1)步,给其余 7 个按钮控件添加单击消息事件响应程序,各控件的响应程序参数如表 9.27 所示。

表 9.27 控件的属性

控 件	事 件	事件过程
btn1	单击	= HandleButtonClick(1)
btn2	单击	= HandleButtonClick(2)
btn3	单击	= HandleButtonClick(3)
btn4	单击	= HandleButtonClick(4)
btn5	单击	= HandleButtonClick(5)

续表

控 件	事 件	事件过程
btn6	单击	= HandleButtonClick(6)
btn7	单击	= HandleButtonClick(7)
btn8	单击	= HandleButtonClick(8)

打开 VBA 代码窗口,新建一个 Function 函数 HandleButtonClick,代码如下。

```
Private Function HandleButtonClick(intbtn As Integer)
'处理按钮 click 事件
    Const conCmdGotoSwitchboard=1
    Const conCmdNewForm=2
    Const conCmdOpenReport=3
    Const conCmdExitApplication=4
    Const conCmdRunMacro=8
    Const conCmdRunCode=9
    Const conCmdOpenPage=10
    Const conErrDoCmdCancelled=2501
    Dim rs As ADODB.Recordset
    Dim strSQL As String
    On Error GoTo HandleButtonClick_Err
    Set rs=CreateObject("ADODB.Recordset")
    strSQL="SELECT * FROM [Switchboard Items]"
    strSQL=strSQL & "WHERE [SwitchboardID]=" & Me![SwitchboardID] & " AND
        [ItemNumber]=" & intbtn
    Set rs=GetRs(strSQL)
    If (rs.EOF) Then
        MsgBox"读取 Switchboard Items 表时出错。"
        rs.Close
        Set rs=Nothing
        Exit Function
    End If


Select Case rs![Command] '进入另一个切换面板
    Case conCmdGotoSwitchboard
        Me.Filter="[ItemNumber]=0 AND [SwitchboardID]=" & rs![Argument]
    '打开一个新窗体
    Case conCmdNewForm
        DoCmd.OpenForm rs![Argument]
    '打开报表
    Case conCmdOpenReport
        DoCmd.OpenReport rs![Argument], acPreview
```

```
        '退出应用程序
        Case conCmdExitApplication
            CloseCurrentDatabase
        '运行宏
        Case conCmdRunMacro
            DoCmd.RunMacro rs![Argument]
        '运行代码
        Case conCmdRunCode
            Application.Run rs![Argument]
        '打开一个数据存取页面
        Case conCmdOpenPage
            DoCmd.OpenDataAccessPage rs![Argument]
        '未定义的选项
        Case Else
            MsgBox "未知选项"
        End Select
        'Close the recordset and the database.
        rs.Close
    HandleButtonClick_Exit:
        On Error Resume Next
        Set rs=Nothing
        Exit Function
    HandleButtonClick_Err:
        If (Err=conErrDoCmdCancelled) Then
            Resume Next
        Else
            MsgBox "执行命令时出错。", vbCritical
            Resume HandleButtonClick_Exit
        End If
    End Function
```

函数 HandleButtonClick 则用来处理"主切换面板"上"按钮"控件的"单击"消息事件。这样就完成了在控制面板上显示功能项目的目标。

（3）为"主切换面板"窗体添加"成为当前"事件过程。打开窗体的属性表，在"成为当前"下拉列表框中选择"［事件过程］"选项，如图 9.29 所示。

单击右边的对话框按钮，进入 VBA 窗口，系统自动建立了一个 Form_Current()过程，在该过程中加入以下代码。

图 9.29　窗体"事件过程"

```
Private Sub Form_Current()
    '更新标题并显示列表
    Me.Caption=Nz(Me![ItemText], "")
    Fillbtns
End Sub
```

Fillbtns 为另外一个能够实现报表选择功能的过程，代码如下。

```
Private Sub Fillbtns()
    '显示切换框中的列表
    '按钮数量
    Const conNumButtons As Integer=8
    Dim rs As New ADODB.Recordset
    Dim strSQL As String
    Dim intbtn As Integer
    Me![btn1].SetFocus
    For intbtn=2 To conNumButtons
        Me("btn" & intbtn).Visible=False
        Me("lbl" & intbtn).Visible=False
    Next intbtn
    '打开表 Switchboard Items
    strSQL="SELECT * FROM [Switchboard Items]"
    strSQL=strSQL & " WHERE [ItemNumber]>0 AND
        [SwitchboardID]=" & Me![SwitchboardID]
    strSQL=strSQL & " ORDER BY [ItemNumber];"
    Set rs=GetRs(strSQL)
    If (rs.EOF) Then
        Me![lbl1].Caption="此切换面板页上无项目。"
    Else
        While (Not (rs.EOF))
            Me("btn" & rs![ItemNumber]).Visible=True
            Me("lbl" & rs![ItemNumber]).Visible=True
            Me("lbl" & rs![ItemNumber]).Caption=rs![ItemText]
            rs.MoveNext
        Wend
    End If
    '关闭数据集合和数据库
    rs.Close
    Set rs=Nothing
End Sub
```

其中，Fillbtns()子过程为实现"主切换面板"上的控件数量和控件标题等信息。

（4）为"主切换面板"窗体添加"加载"事件过程。打开窗体的属性表，在"加载"下拉列表框中选择"[事件过程]"。单击右边的对话框启动按钮,进入 VBA 窗口,系统自动建立了一个 Form_Load()过程,在该过程中加入以下代码。

```
Private Sub Form_Load()
    If Not check Then
        MsgBox ("请先登录!")
        DoCmd.Close
        DoCmd.OpenForm ("登录")
    End If
End Sub
```

这几句代码的作用,就是当用户打开该窗体时,系统先检查全局布尔变量 Check 的值,如果 Check 值为 False 则弹出提示用户先登录的对话框。这样可以确保用户在打开该切换面板前已经登录。

(5) 为"主切换面板"窗体添加"打开"事件过程。打开窗体的属性表,在"打开"下拉列表框中选择"[事件过程]"选项。单击右边的对话框启动按钮,进入 VBA 窗口,系统自动建立了一个 Form_Open()过程,在该过程中加入以下代码。

```
Private Sub Form_Open(Cancel As Integer)
    On Error GoTo Form_Open_Err
    '显示默认的选项
    Me.Filter="[ItemNumber]=0 AND [Argument]='默认'"
    Me.FilterOn=True
    Form_Open_Exit:
    Exit Sub
Form_Open_Err:
    MsgBox Err.Description
    Resume Form_Open_Exit
End Sub
```

这组代码的含义就是使用户在打开该主切换面板时,有默认的选择值。

这样就完成了主导航面板的设计工作,双击导航窗格中的"主切换面板"窗体,如果用户还没有登录,则会弹出用户还没有登录的提示对话框,如图 9.30 所示。单击"确定"按钮后,自动打开"登录"窗体进行登录。登录以后,即可打开"主切换面板"窗体,如图 9.31 所示。单击切换面板中的相应按钮,即可进入相应的功能模块。

步骤 36:设置"员工考勤记录查询"窗体代码。在前面建立了一个"员工考勤记录查询"的查询,并基于该查询建立了"员工考勤记录查询报表"。已知"员工考勤记录查询"窗体中各种控件的名称等属性如表 9.28 所示。

图 9.30　提示对话框

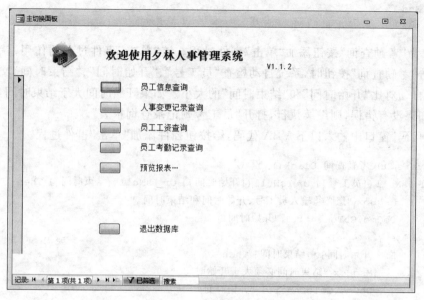

图 9.31　"主切换面板"窗体

表 9.28　控件的属性

类　型	名　称	标　题
标签	员工号标签	员工号：
标签	开始时间标签	开始时间：
标签	结束时间标签	结束时间：
文本框	员工号	
文本框	开始时间	
文本框	结束时间	
按钮	考勤查询	考勤查询
按钮	取消	取消

　　(1) 向"员工考勤记录查询"窗体添加"加载"事件过程。打开窗体的"属性表"窗格，切换到"数据"选项卡，设置窗体的记录源为"员工考勤记录查询"；切换到"事件"选项卡，在"加载"下拉列表中选择"[事件过程]"选项，并单击右边的对话框启动按钮，系统进入VBA 编辑器，并自动新建了一个名称为"Form_Load()"的 Sub 过程；在"代码"窗口中输入以下 VBA 代码，给窗体添加"加载"事件过程。

```
Private Sub Form_Load()
    If Not check Then
        MsgBox ("请先登录!")
        DoCmd.Close
        DoCmd.OpenForm ("登录")
```

```
            End If
    End Sub
```

（2）为"考勤查询"按钮添加"单击"事件过程。该"单击"事件过程的作用，就是要当用户单击"考勤查询"按钮时，系统自动检查"员工号"、"开始时间"、"结束时间"文本框中的值，并自动对比"开始时间"和"结束时间"的大小。如果开始时间大于结束时间，则提示出错。如果没有错误，则继续执行，打开"员工考勤记录查询报表"。

在"代码"窗口中输入以下 VBA 代码，给按钮控件添加"单击"事件过程。

```
Private Sub 考勤查询_Click()
    If IsNull([员工号]) Or IsNull([开始时间]) Or IsNull([结束时间]) Then
        MsgBox "您必须输入员工号、开始时间和结束时间。"
        DoCmd.GoToControl "开始时间"
    Else
        If [开始时间]>[结束时间] Then
            MsgBox "结束时间必须大于开始时间。"
            DoCmd.GoToControl "开始时间"
        Else
            DoCmd.OpenReport "员工考勤记录查询
            报表", acViewPreview, , ,
            acWindowNormal
            Me.Visible=False
        End If
    End If
End Sub
```

（3）为"取消"按钮添加事件过程。该"单击"事件过程的作用，就是要当用户单击"取消"按钮时，系统关闭"登录"窗体。

在"代码"窗口中输入以下 VBA 代码。

```
Private Sub 取消_Click()
    DoCmd.Close
End Sub
```

这样就完成了考勤查询模块的全部设计工作，双击导航窗格中的"员工工资查询"窗体，打开该窗体，在窗体中输入要查询的参数，如图 9.32 所示。

单击"考勤查询"按钮，即可将窗体中的参数传递给"员工考勤记录查询"查询，并自动进入打开报表的"打印预览"视图，如图 9.33 所示。

步骤 37：设置"员工工资查询"窗体代码。给"员工工资查询"窗体添加的代码和步骤 36 相似，需要为窗体设置数据源、添加窗体的"加载"事件代码、添加"工资查询"按钮控件的"单击"事件代码、添加"取消"按钮控件的"单击"事件代码。

（1）窗体的"加载"事件代码如下。

```
Private Sub Form_Load()
    If Not check Then
```

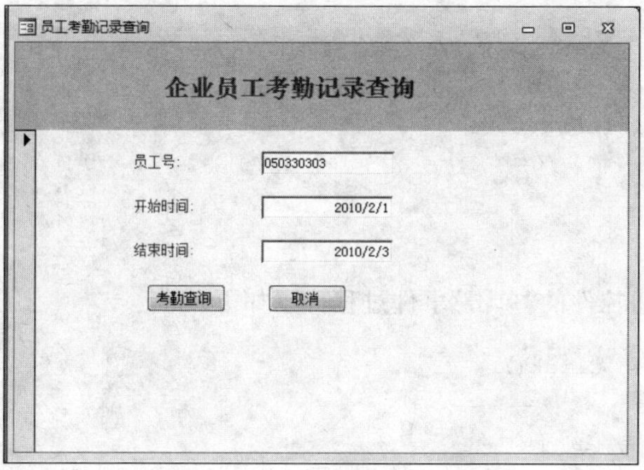

图 9.32　输入参数

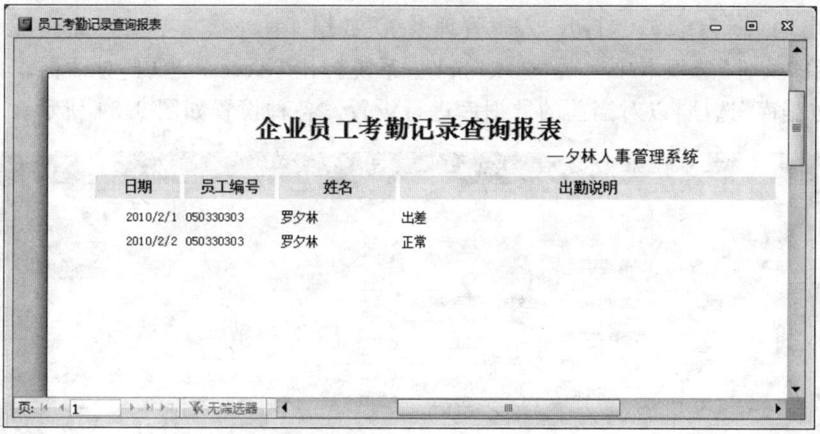

图 9.33　打开报表

```
        MsgBox ("请先登录!")
        DoCmd.Close
        DoCmd.OpenForm ("登录")
    End If
End Sub
```

(2)"工资查询"按钮控件的"单击"事件过程代码如下。

```
Private Sub 工资查询_Click()
    If IsNull([员工号]) Then
        MsgBox "您必须输入员工号。"
        DoCmd.GoToControl "员工号"
    Else
        If [开始月份] > [结束月份] Then
          MsgBox "结束月份必须大于开始月份。"
          DoCmd.GoToControl "开始月份"
```

```
    Else
      DoCmd.OpenReport "员工薪金查询报表",
      acViewPreview, , , acWindowNormal
      Me.Visible=False
    End If
  End If
End Sub
```

（3）"取消"按钮控件的"单击"事件过程代码如下。

```
Private Sub 取消_Click()
    DoCmd.Close
End Sub
```

步骤 38：设置自动启动"登录"窗体。

方法 1：通过 Access 设置自动启动窗体。

（1）启动 Access 2010，打开"人事管理系统"数据库。

（2）在"文件"选项卡中单击"选项"按钮，系统弹出"Access 选项"对话框。单击左边的"当前数据库"选项，以对当前的数据库进行设置。各种设置如图 9.34 所示。

图 9.34 "Access 选项"对话框

（3）在"应用程序标题"文本框中输入该系统的名称为"夕林人事管理系统"，在这里设置的标题将显示在系统标题栏中。

（4）在"显示窗体"下拉列表框中选择想要在启动数据库时启动的窗体，如选择"登录"窗体作为自动启动的窗体。

（5）单击"确定"按钮，系统弹出提示重新启动数据库的对话框，重新启动数据库后即可完成设置。

这样就完成了系统的启动设置,当用户启动该数据库时,系统会自动运行该设置,如图 9.35 所示。

图 9.35　启动窗体

可以看到,用户设置的对话框为弹出模式对话框,用户不能对其他的对象进行操作。

方法 2:通过 AutoExec 宏自动启动窗体。

AutoExec 宏是 Access 中保留的一个宏名。当用户建立了该宏以后,Access 在启动时就会自动执行该宏。利用 AutoExec 宏的这种特性,常用该宏来自动打开特定的窗体。这里创建一个操作为 OpenForm 的宏,将其保存为"AutoExec",如图 9.36 所示。注意,需要设置"数据模式"为"增加","窗口模式"为"对话框"。

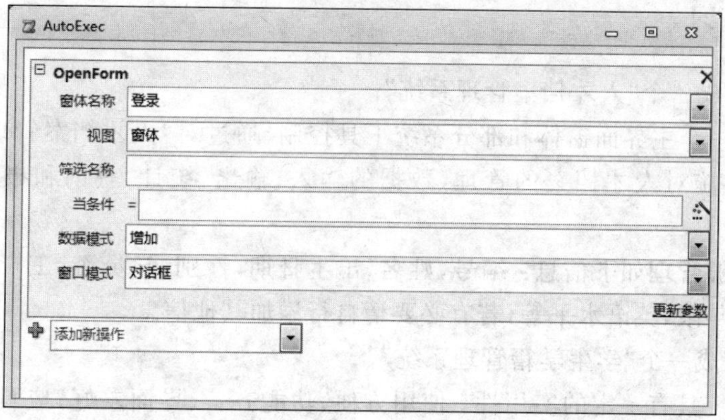

图 9.36　AutoExec 宏

这样,当重新启动数据库时,就可以自动运行该宏,自动打开"登录"窗体。

步骤 39:选择对 OLE 类型库的引用。本程序使用了 Microsoft ActiveX Data

Objects 2.1 Library OLE 类型库,在使用该程序之前,请确认 VBA 编译器已引用此类型库。确认的方法为:单击"数据库工具"选项卡下的 Visual Basic 按钮,进入 VBA 窗口,在"工具"菜单中选择"引用"命令;弹出如图 9.37 所示的"引用-人事管理系统"对话框,在该对话框的"可使用的引用"列表框中,选择 Microsoft ActiveX Data Objects 2.1 Library OLE 类型库;最后单击"确定"按钮即可,完成该程序的引用设置。

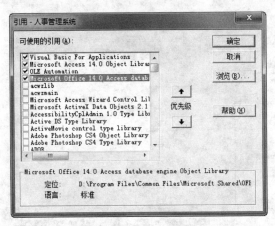

图 9.37　"引用-人事管理系统"对话框

步骤 40:解除对 VBA 宏的限制。系统的默认设置是对 VBA 代码和宏禁止的,只是在遇到有 VBA 代码或宏的数据库时才会弹出提示,如图 9.38 所示。单击消息栏上的"启用内容"按钮,即可启用该数据库中的宏。

图 9.38　消息栏

思考与练习

1. 设计完成一个"人才档案管理系统"。

该系统由一个主界面窗体和部分系统工具控制,通过对"人才档案管理系统"等窗体界面的操作,实施对人才档案的管理,数据的输入、输出、统计、查询和报表打印等管理工作。

此系统能够管理如下信息:编号,姓名,出生日期,性别,党员否,工资,工作简历,照片,专业,专业年限,英语水平等,若有必要请自行添加其他信息。

2. 设计完成一个"学生学籍管理系统"。

要求该系统具有一定的实用性:使用方便、功能齐备、界面友好;应具备输入、输出、统计、查询、编辑修改、报表打印等基本功能。

此系统能够管理如下信息:学号、姓名、班级、性别、出生日期、奖学金、照片、所学课程名称、学分、成绩、任课教师姓名、任课教师年龄、任课教师职称等,若有必要请自行添加其他信息。

3. 设计完成一个"超市业务系统"。

对超市销售业务系统的主要操作是记录顾客的购买信息、查询超市现有商品、分析当天连锁店的销售情况、确定明天进货的内容和货物的摆放位置。

此系统能够管理如下信息。

(1) 销售信息：连锁点、日期、时间、贵客、商品、数量、总价等。

(2) 商品信息：商品名称、单价、进货数量、供应商、商品类型、摆放位置等。

(3) 供应商信息：供应商名称、地点、商品、信誉等。

4. 设计完成一个"工厂管理信息系统"。

工厂管理信息系统中，典型的查询操作包括打印雇员的工资、打印应收应付货款清单、打印销售人员的业绩、打印工厂的各种统计报表等。

此系统能够管理如下信息。

(1) 销售记录：产品、服务、客户、销售人员、时间等。

(2) 雇员信息：姓名、地址、工资、津贴、所得税等。

(3) 财务信息：合同、应收货款、应付货款等。

附录 A　同步自测参考答案

第1章　同步自测答案

一、选择题

1. D　　2. A　　3. A　　4. C　　5. D　　6. C　　7. D　　8. D　　9. D

二、填空题

(1) 相关事物之间的联系　　　　　　(2) 一对一联系

(3) 一对多联系　　　　　　　　　　(4) 多对多联系

(5) DBA　　　　　　　　　　　　　(6) 去掉重复属性的等值连接

(7) 外键　　　　　　　　　　　　　(8) 关系模型

(9) 字段(或属性)　　　　　　　　　(10) 记录(或元组)

(11) 选择　　　　　　　　　　　　(12) 连接

(13) 投影

第2章　同步自测答案

一、选择题

1. C　　2. A

二、填空题

(1) 表　　　　　(2) 查询　　　　　(3) 窗体　　　　　(4) 报表

(5) 宏　　　　　(6) 模块　　　　　(7) accdb

第3章　同步自测答案

一、选择题

1. C　　2. A　　3. D　　4. D

二、填空题

(1) 一对一　　　(2) 一对多　　　(3) 多对多　　　　(4) 主关键字

(5) 文本　　　　(6) 备注

第4章   同步自测答案

一、选择题

1. C   2. A   3. A   4. B   5. C

二、填空题

(1) Group By   (2) 选择查询   (3) 参数查询   (4) 字段列表

(5) 半角的井号♯   (6) 联合查询   (7) 数据定义查询

第5章   同步自测答案

一、选择题

1. C   2. D   3. C   4. D

二、填空题

(1) 查询   (2) 字段名   (3) 字段内容   (4) 一对多

(5) 输入数据值

第6章   同步自测答案

一、选择题

1. C   2. B   3. D   4. D   5. B   6. A   7. D

8. C   9. B   10. A   11. B   12. D   13. B

二、填空题

(1) 短虚线   (2) 表名或查询名   (3) 编辑修改

(4) 主体   (5) 等号"＝"   (6) ＝[Page]&"/总"&[Pages]&"页"

(7) 直线或矩形   (8) 排序或分组

第7章   同步自测答案

一、选择题

1. A   2. A   3. D   4. B   5. C   6. A   7. D

8. A   9. B   10. B

二、填空题

(1) 操作   (2) 宏组名.宏名   (3) OpenTable   (4) OpenForm

第8章   同步自测答案

一、选择题

1. B   2. C   3. A   4. A   5. C   6. B   7. B

8. C　　　9. C　　　10. D　　　11. B　　　12. A　　　13. C　　　14. A

15. A　　　16. B　　　17. D　　　18. A　　　19. B　　　20. B　　　21. B

22. B　　　23. C　　　24. D　　　25. B　　　26. C　　　27. D　　　28. B

29. A　　　30. C　　　31. A　　　32. C　　　33. D　　　34. D　　　35. A

36. D　　　37. C　　　38. B　　　39. B　　　40. C　　　41. A　　　42. D

43. A　　　44. A　　　45. A　　　46. B　　　47. D　　　48. C

二、填空题

(1) Visual Basic for Application　　　(2) Dim…As　　　(3) Type…End Type

(4) x>Max　　　(5) x<Min　　　(6) s-Min-Max

(7) x>=0　　　(8) 动态　　　(9) C1. ForeColor=128

(10) Form_Timer( )　　　(11) 64　　　(12) num

(13) f0+f1　　　(14) 25　　　(15) variant

(16) num　　　(17) i　　　(18) i<=j

(19) flag=1

第 9 章　同步自测答案

一、选择题

1. B　　　2. D　　　3. D　　　4. B

二、填空题

(1) rs. EOF　　　(2) fd

(3) pszy * 0. 5+xcy * 0. 1+qzks * 0. 4　　　(4) Update

(5) rs. Edit　　　(6) rs. MoveNext

(7) rs. EOF　　　(8) rs. UpDate

附录 B　全国计算机等级考试二级 Access 考试说明

全国计算机等级考试系统专用软件(以下简称"考试系统")是在 Windows 平台下开发的应用软件。它提供了开放式的考试环境,具有自动计时、断点保护、自动阅卷和回收等功能。

一、考试环境

1. 硬件环境

PC,硬盘剩余空间 10 GB 或以上。

2. 软件环境

操作系统:中文版 Windows 7。

应用软件:中文版 Office 2010。

二、上机考试时间

全国计算机等级考试二级 Access 考试时间定为 120 分钟。考试时间由考试系统自动进行计时,提前 5 分钟自动报警来提醒考生应及时存盘。考试时间用完,上机考试系统将自动锁定计算机,考生将不能再继续答题。

三、上机考试题型及分值

全国计算机等级考试二级 Access 考试满分为 100 分,共有 4 种类型考题,即选择题(40 分)、基本操作题(18 分)、简单应用题(24 分)和综合应用题(18 分)。

四、上机考试流程

1. 登录

(1)双击桌面上的"无纸化考试系统"图标,启动考试程序,出现如附图 B.1 所示的登录界面(其中版本号可能会变动)。

(2)单击"开始登录"按钮,进入准考证号登录验证窗口,如附图 B.2 所示。

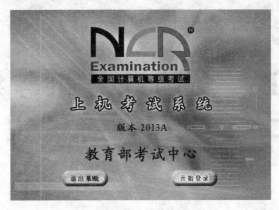

附图 B.1　登录窗体

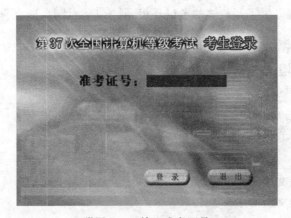

附图 B.2　输入准考证号

（3）输入考号后按回车键或单击"考号验证"按钮，将弹出准考证号验证窗口，该窗口对输入的考号进行验证。如果考号不正确，单击"取消"按钮重新输入；如果考号正确，单击"确认"按钮继续执行，弹出如附图 B.3 所示的窗口。

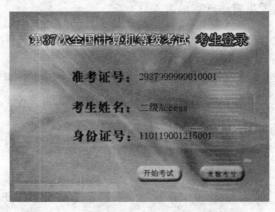

附图 B.3　登录成功

（4）考号输入正确后，单击"开始考试"按钮，考试系统进行一系列的处理后将随机生成一份考试试卷。如果考试系统在抽取试题的过程中产生错误，在显示相应的错误提示时，考生应重新进行登录，直至试题抽取成功为止。

（5）试题抽取成功后出现如附图 B.4 所示的"考试须知"。考生只有勾选了"已阅读"复选框，才能单击"开始考试并计时"按钮开始考试并计时。

附图 B.4　考试须知

进入考试界面后，就可以看题、做题。注意，在做选择题的时候，键盘被封锁，考生只能使用鼠标答题。选择题部分只能进入一次，退出后不能再次进入。另外，选择题不单独计时。

当考生在上机考试时遇到死机等意外情况（即无法进行正常考试）时，考生应向监考人员说明情况，由监考人员确认为非人为造成停机时，方可进行二次登录。考生需要由监考人员输入密码方可继续进行上机考试，因此考生必须注意在上机考试时不得随意关机，否则考点有权终止其考试资格。

2. 考试界面

当考生登录成功后，系统为考生抽取一套完整的试题。上机考试系统将自动在屏幕中间生成装载试题内容查阅工具的考试窗口，并在屏幕顶部始终显示着考生的准考证号、姓名、考试剩余时间以及可以随时显示或隐藏试题内容的查阅工具和退出考试系统进行交卷的按钮的窗口，最左面的"隐藏窗口"字符表示屏幕中间的考试窗口正在显示着，当用鼠标单击"隐藏窗口"字符时，屏幕中间的考试窗口就被隐藏，且"隐藏窗口"字符变成"显示窗口"。同时在窗口中显示试题选择按钮。

在考试窗口中单击工具栏中的题目选择按钮"选择题"、"基本操作题"、"简单应用题"、"综合应用题"可以查看相应题型的题目要求。

3. 答题

当考生单击"选择题"按钮时，系统将显示如何进行选择题部分的考试操作，如附图 B.5 所示。在"答题"菜单上选择"选择题"功能进行选择题考试，如附图 B.6 所示。

当考生单击"基本操作题"按钮时，系统将显示基本操作题，如附图 B.7 所示。此时请考生在"答题"菜单上选择"基本操作题"命令，再根据显示的试题内容进行操作。

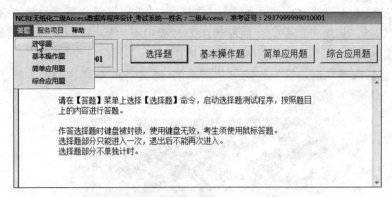

附图 B.5 "答题"菜单命令

附图 B.6 选择题

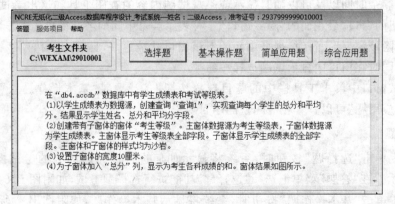

附图 B.7 基本操作题

当考生单击"简单应用题"按钮时,系统将显示简单应用题,如附图 B.8 所示。

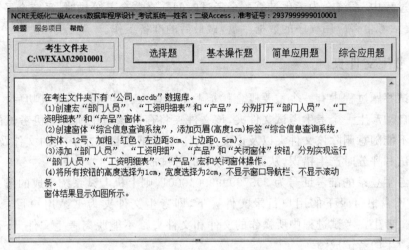

附图 B.8　简单应用题

当考生单击"综合应用题"按钮时,系统将显示演示文稿操作题,如附图 B.9 所示,完成后必须将该文档存盘。

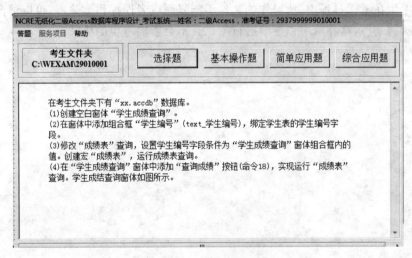

附图 B.9　综合应用题

当考试内容审阅窗口中显示上下或左右滚动条时,表明该试题查阅窗口中试题内容尚未完全显示,因此考生可用鼠标操作显示余下的试题内容,防止漏做试题从而影响考试。

4. 交卷

如果考生要提前结束考试进行交卷处理,则请单击屏幕顶端显示窗口中的"交卷"按钮,上机考试系统将显示是否要交卷处理的提示信息框。此时考生如果单击"确定"按钮,则退出上机考试系统进行交卷处理,由系统管理员进行评分和回收。如果考生还没有完成试题,则单击"取消"按钮继续进行考试。

考试过程中,系统会为考生计算剩余考试时间。在剩余 5 分钟时,系统会显示一个提示信息,提示考生将应用程序的数据存盘,做最后的准备工作。

五、考生文件夹

在考试答题过程中有一个重要概念就是考生文件夹。当考生登录成功后,上机考试系统将会自动产生一个考生考试文件夹,该文件夹将存放该考生所有上机考试的考试内容。考生不能随意删除该文件夹以及该文件夹下与考试题目要求有关的文件及文件夹,避免在考试和评分时产生错误,从而影响考生的考试成绩。

假设考生登录的准考证号为 2937999999010001,则上机考试系统生成的考生文件夹将存放到 K 盘根目录下的用户目录文件夹下,即考生文件夹为 K:\用户目录文件夹\29010001。考生在考试过程中所操作的文件和文件夹都不能脱离考生文件夹,否则将会直接影响考生的考试成绩。

考生所有的答题均在考生文件夹下完成。考生在考试过程中,一旦发现不在考生文件夹中,应及时返回到考生文件夹下。在答题过程中,允许考生自由选择答题顺序,中间可以退出并允许考生重新答题。

如果考生在考试过程中,所操作的文件不能复原或者误操作删除时,可以请监考老师帮忙生成所需文件,这样就可以继续进行考试且不会影响考生的成绩。

附录 C　全国计算机等级考试 二级 Access 数据库程序设计 考试大纲(2013 年版)

基本要求

1. 具有数据库系统的基础知识。
2. 基本了解面向对象的概念。
3. 掌握关系数据库的基本原理。
4. 掌握数据库程序设计方法。
5. 能使用 Access 建立一个小型数据库应用系统。

考试内容

一、数据库基础知识

1. 基本概念

数据库,数据模型,数据库管理系统,类和对象,事件。

2. 关系数据库基本概念

关系模型(实体的完整性、参照的完整性、用户定义的完整性),关系模式,关系,元组,属性,字段,域,值,主关键字等。

3. 关系运算基本概念

选择运算,投影运算,联接运算。

4. SQL 基本命令

查询命令,操作命令。

5. Access 系统简介

(1) Access 系统的基本特点。

(2) 基本对象:表,查询,窗体,报表,页,宏,模块。

二、数据库和表的基本操作

1. 创建数据库

(1) 创建空数据库。

(2) 使用向导创建数据库。

2. 表的建立

(1) 建立表结构：使用向导，使用表设计器，使用数据表。

(2) 设置字段属性。

(3) 输入数据：直接输入数据，获取外部数据。

3. 表间关系的建立与修改。

(1) 表间关系的概念：一对一，一对多。

(2) 建立表间关系。

(3) 设置参照完整性。

4. 表的维护

(1) 修改表结构：添加字段，修改字段，删除字段，重新设置主关键字。

(2) 编辑表内容：添加记录，修改记录，删除记录，复制记录。

(3) 调整表外观。

5. 表的其他操作

(1) 查找数据。

(2) 替换数据。

(3) 排序记录。

(4) 筛选记录。

三、查询的基本操作

1. 查询分类

(1) 选择查询。

(2) 参数查询。

(3) 交叉表查询。

(4) 操作查询。

(5) SQL 查询。

2. 查询准则

(1) 运算符。

(2) 函数。

(3) 表达式。

3. 创建查询

(1) 使用向导创建查询。

(2) 使用设计器创建查询。

(3) 在查询中计算。

4. 操作已创建的查询

(1) 运行已创建的查询。

(2) 编辑查询中的字段。

(3) 编辑查询中的数据源。

(4) 排序查询的结果。

四、窗体的基本操作

1. 窗体分类

(1) 纵栏式窗体。

(2) 表格式窗体。

(3) 主/子窗体。

(4) 数据表窗体。

(5) 图表窗体。

(6) 数据透视表窗体。

2. 创建窗体

(1) 使用向导创建窗体。

(2) 使用设计器创建窗体：控件的含义及种类，在窗体中添加和修改控件，设置控件的常见属性。

五、报表的基本操作

1. 报表分类

(1) 纵栏式报表。

(2) 表格式报表。

(3) 图表报表。

(4) 标签报表。

2. 使用向导创建报表

3. 使用设计器编辑报表

4. 在报表中计算和汇总

六、宏

1. 宏的基本概念

2. 宏的基本操作

(1) 创建宏：创建一个宏，创建宏组。

(2) 运行宏。

(3) 在宏中使用条件。

(4) 设置宏操作参数。

(5) 常用的宏操作。

七、模块

1. 模块的基本概念

(1) 类模块。

(2) 标准模块。

（3）将宏转换为模块。

2. 创建模块

（1）创建 VBA 模块：在模块中加入过程，在模块中执行宏。

（2）编写事件过程：键盘事件，鼠标事件，窗口事件，操作事件和其他事件。

3. 调用和参数传递

4. VBA 程序设计基础

（1）面向对象程序设计的基本概念。

（2）VBA 编程环境：进入 VBA，VBA 界面。

（3）VBA 编程基础：常量，变量，表达式。

（4）VBA 程序流程控制：顺序控制，选择控制，循环控制。

（5）VBA 程序的调试：设置断点，单步跟踪，设置监视点。

考试方式

上机考试，考试时长 120 分钟，满分 100 分。

1. 题型及分值

单项选择题 40 分（含公共基础知识部分 10 分①）、操作题 60 分（包括基本操作题、简单应用题及综合应用题）。

2. 考试环境

Microsoft Access 2010。

---

① 公共基础知识大纲请参考高等教育出版社出版的《全国计算机等级考试二级公共基础知识（2013 年版）》的附录部分。

附录 D   考试样卷及答案解析

样 卷 一

（考试时间 120 分钟，满分 100 分）

一、选择题（每小题 1 分，共 40 分）

下列各题 A、B、C、D 4 个选项中，只有一个选项是正确的。

(1) 下列数据结构中，属于非线性结构的是_____。

    A. 双向链表   B. 循环链表   C. 二叉链表   D. 循环队列

(2) 在下列链表中，能够从任意一个结点出发直接访问到所有结点的是_____。

    A. 单链表   B. 循环链表   C. 双向链表   D. 二叉链表

(3) 下列与栈结构有关联的是_____。

    A. 数组的定义域使用   B. 操作系统的进程调度

    C. 函数的递归调用   D. 选择结构的执行

(4) 下面对软件特点描述不正确的是_____。

    A. 软件是一种逻辑实体，具有抽象性

    B. 软件开发、运行对计算机系统具有依赖性

    C. 软件开发涉及软件知识产权、法律及心理等社会因素

    D. 软件运行存在磨损和老化问题

(5) 下面属于黑盒测试方法的是_____。

    A. 基本路径测试   B. 等价类划分

    C. 判定覆盖测试   D. 语句覆盖测试

(6) 下面不属于软件设计阶段任务的是_____。

    A. 软件的功能确定   B. 软件的总体结构设计

    C. 软件的数据设计   D. 软件的过程设计

(7) 数据库管理系统是_____。

    A. 操作系统的一部分   B. 系统软件

    C. 一种编译系统   D. 一种通信软件系统

(8) 在 E-R 图中，表示实体的图元是_____。

    A. 矩形   B. 椭圆   C. 菱形   D. 圆

（9）有两个关系 R 和 T 如下：

	R	
A	B	C
a	1	2
b	4	4
c	2	3
d	3	2

T	
A	C
a	2
b	4
c	3
d	2

则由关系 R 得到关系 T 的操作是＿＿＿＿。

  A. 选择　　　　　　B. 交　　　　　　C. 投影　　　　　　D. 并

（10）对图书进行编目时，图书有如下属性：ISBN 书号，书名，作者，出版社，出版日期。能作为关键字的是＿＿＿＿。

  A. ISBN 书号　　　　　　　　　　B. 书名

  C. 作者，出版社　　　　　　　　　D. 出版社，出版日期

（11）关系数据库是数据的集合，其理论基础是＿＿＿＿。

  A. 数据表　　　　B. 关系模型　　　　C. 数据模型　　　　D. 关系代数

（12）在关系型数据库中，"一对多"的含义是＿＿＿＿。

  A. 一个数据库可以有多个表

  B. 一个表可以有多条记录

  C. 一条记录可以有多个字段

  D. 一条记录可以与另一表中的多条记录相关

（13）若某字段设置的输入掩码为"＃＃＃＃-＃＃＃＃＃＃"，则下列输入数据中，正确的是＿＿＿＿。

  A. 0755-123456　　　　　　　　　B. 0755-abcdef

  C. abcd-123456　　　　　　　　　D. ＃＃＃＃-＃＃＃＃＃＃

（14）若 Access 数据库的一张表中有多条记录，则下列叙述中，正确的是＿＿＿＿。

  A. 记录前后顺序可以任意颠倒，不影响表中的数据关系

  B. 记录前后顺序不能任意颠倒，要按照输入的顺序排列

  C. 记录前后顺序可以任意颠倒，排列顺序不同，统计结果可能不同

  D. 记录前后顺序不能任意颠倒，一定要按照关键字段值的顺序排列

（15）下列关于主关键字的说法中，错误的是＿＿＿＿。

  A. 使用自动编号是创建主关键字的简单方法

  B. 作为主关键字的字段允许出现 Null 值

  C. 作为主关键字的字段不允许出现重复值

  D. 可将两个或更多字段组合作为主关键字

（16）学生表中"姓名"字段的数据类型为文本，字段大小为 10，则输入姓名时，最多可输入的汉字数和英文字符数分别是＿＿＿＿。

A. 5 5   B. 5 10   C. 10 10   D. 10 20

(17) 在"按雇员姓名查询"窗体中有名为 tName 的文本框,如附图 D.1 所示。

附图 D.1 选择题 17 图

在文本框中输入要查询的姓名,当单击"查询"按钮时,运行名为"查询 1"的查询,该查询显示职工 ID、姓名和职称三个字段。下列"查询 1"设计视图中,正确的是_____。

D.

（18）若要查找职工表中年龄在 30～40 岁之间（含 30 岁和 40 岁）的记录,则在年龄字段的"条件"行中应输入的表达式是_____。

A. ＞30 or ＜40

B. ＞30 and ＜40

C. in(30,40)

D. ＞＝30 and ＜＝40

（19）在筛选时,不需要输入筛选规则的方法是_____。

A. 高级筛选

B. 按窗体筛选

C. 按选定内容筛选

D. 输入筛选目标筛选

（20）可以改变窗体外观的是_____。

A. 矩形

B. 标签

C. 按钮

D. 属性

（21）SQL 查询命令的结构是：

SELECT⋯FROM⋯WHERE⋯GROUP BY⋯HAVING⋯ORDER BY⋯

其中指定查询条件的短语是_____。

A. SELECT

B. WHERE

C. HAVING

D. ORDER BY

（22）设定的控件事件发生时可执行预先设置好的代码,决定事件发生时执行代码的是_____。

A. 控件的属性

B. 控件的事件过程

C. 控件的焦点

D. 通用过程

（23）下列关于 MsgBox 语法的描述中,正确的是_____。

A. MsgBox(提示信息[,标题][,按钮类型])

B. MsgBox(标题[,按钮类型][,提示信息])

C. MsgBox(标题[,提示信息][,按钮类型])

D. MsgBox(提示信息[,按钮类型][,标题])

（24）宏操作 SetValue 的功能是_____。

A. 刷新控件数据

B. 设置表中字段的值

C. 刷新当前系统的时间

D. 设置窗体或报表控件的属性

（25）若变量 a 的内容为"计算机软件工程师",变量 b 的内容是"数据库管理员",下列表达式中,结果为"数据库工程师"的是_____。

A. Mid(b,1,3)＋Mid(a,1,3)

B. Left(b,3)＋Right(a,3)

C. Mid(b,3,)－Mid(a,3)

D. Left(b,3)－Right(a,3)

(26) VBA 中,若要退出 Do While…Loop 循环执行 Loop 之后的语句,应使用的语句是_____。

    A. Exit   B. Exit Do   C. Exit While   D. Exit Loop

(27) 删除字符串前导和尾部空格的函数是_____。

    A. Ltrim   B. Rtrim   C. Trim   D. Space

(28) 在 VBA 表达式中,"&"运算符的含义是_____。

    A. 文本连接   B. 文本注释   C. 相乘   D. 取余

(29) 下列关于函数 Nz(表达式或字段属性值)的叙述中,错误的是_____。

    A. 如果"表达式"为数值型且值为 Null,则返回值为 0

    B. 如果"字段属性值"为数值型且值为 Null,则返回值为 0

    C. 如果"表达式"为字符型且值为 Null,则返回值为空字符串

    D. 如果"字段属性值"为字符型且值为 Null,则返回值为 Null

(30) 下列关于 VBA 子过程和函数过程的叙述中,正确的是_____。

    A. 子过程没有返回值,函数过程有返回值

    B. 子过程有返回值,函数过程没有返回值

    C. 子过程和函数过程都可以有返回值

    D. 子过程和函数过程都没有返回值

(31) VBA 构成对象的三要素是_____。

    A. 属性、事件、方法   B. 控件、属性、事件

    C. 窗体、控件、过程   D. 窗体、控件、模块

(32) 能对顺序文件输出的语句是_____。

    A. Put   B. Get   C. Write   D. Read

(33) ADO 对象模型中可以打开并返回 Recordset 对象的是_____。

    A. 只能是 Connection 对象

    B. 只能是 Command 对象

    C. 可以是 Connection 对象和 Command 对象

    D. 可以是所需要的任意对象

(34) 下列程序段运行结束后,变量 x 的值是_____。

```
x=2
y=4
Do
    x=x * y
    y=y+1
Loop While y<4
```

    A. 2   B. 4   C. 8   D. 20

(35) 在窗体中添加一个名称为 Command 1 的命令按钮,然后编写如下事件代码:

```
Private Sub Command1_Click()
    A=75
```

```
     If  a>60  Then
        k=1
     ElseIf  a>70  Then
        k=2
     ElseIf  a>80  Then
       k=3
     ElseIf  a>90  Then
       k=4
     End If
     MsgBox k
  End Sub
```

窗体打开运行后,单击命令按钮,则消息框的输出结果是_____。

    A. 1   B. 2   C. 3   D. 4

(36) 设有如下窗体单击事件过程:

```
Private Sub Form_Click()
   a=1
   For i=1 To 3
      Select Case i
         Case 1, 3
             a=a+1
         Case 2, 4
             a=a+2
      End Select
   Next i
   MsgBox a
End Sub
```

打开窗体运行后,单击窗体,则消息框的输出结果是_____。

    A. 3   B. 4   C. 5   D. 6

(37) 设有如下程序:

```
Private Sub Command1_Click()
   Dim sum As Double, x As Double
   sum=0
   n=0
   For i=1 To 5
      x=n/i
      n=n+1
      sum=sum+x
   Next i
End Sub
```

该程序通过 For 循环来计算一个表达式的值,这个表达式是_____。

    A. $1+1/2+2/3+3/4+4/5$ B. $1+1/2+1/3+1/4+1/5$

C. $1/2+2/3+3/4+4/5$ D. $1/2+1/3+1/4+1/5$

(38) 下列 Case 语句中错误的是_____。

A. Case 0 To 10   B. Case Is>10

C. Case Is>10 And Is<50   D. Case 3,5,Is>10

(39) 如下程序段定义了学生成绩的记录类型,由学号、姓名和三门课程成绩(百分制)组成。

```
Type Stud
    No AsInteger
    name AsString
    score(1 to 3) As Single
End Type
```

若对某个学生的各个数据项进行赋值,下列程序段中正确的是_____。

A. Dim S As Stud
   Stud. no=1001
   Stud. name="舒宜"
   Stud. score=78,88,96

B. Dim S As Stud
   S. no=1001
   S. name="舒宜"
   S. score=78,88,96

C. Dim S As Stud
   Stud. no=1001
   Stud. name="舒宜"
   Stud. score(1)=78
   Stud. score(2)=88
   Stud. score(3)=96

D. Dim S As Stud
   S. no=1001
   S. name="舒宜"
   S. score(1)=78
   S. score(2)=88
   S. score(3)=96

(40) 已知学生表(学号,姓名,性别,生日),要将学生表中全部记录的"性别"设置为"男",空白处应填写的代码是_____。

```
Private Sub Command0_Click()
    Dim str As String
    Set db=CurrentDb()
    str="_____"
    DoCmd.RunSQL str
End Sub
```

A. Update 学生表 Set 性别='男'

B. Update 学生表 Values 性别='男'

C. Update From 学生表 Set 性别='男'

D. Update From 学生表 Values 性别='男'

二、基本操作题(18 分)

在数据库 samp1.accdb 中,按以下操作要求完成表的建立和修改。

(1) 创建一个名为"tEmployee"的新表,其结构如附表 D.1 所示。

附表 D.1 tEmployee 表结构

字段名称	数据类型	字段大小	格式
职工 ID	文本	5	
姓名	文本	10	
职称	文本	6	
聘任日期	日期/时间		常规日期

（2）判断并设置表 tEmployee 的主关键字。

（3）在"聘任日期"字段后添加"借书证号"字段，字段的数据类型为文本，字段大小为10，有效性规则为：不能是空值。

（4）将 tEmployee 表中的"职称"字段的"默认值"属性设置为"副教授"。

（5）设置"职工 ID"字段的输入掩码为只能输入 5 位数字形式。

（6）向 tEmployee 表中填入如附表 D.2 所示的内容（"借书证号"字段可输入任意非空内容）。

附表 D.2 tEmployee 表内容

职工 ID	姓名	职称	聘任日期
00001	112	副教授	1995/11/1
00002	113	教授	1995/12/12
00003	114	讲师	1998/10/10
00004	115	副教授	1992/8/11
00005	116	副教授	1996/9/11
00006	117	教授	1998/10/28

三、简单应用题（24 分）

在考生文件夹下有一个数据库文件 samp2.accdb，里面已经设计好一个表对象 tStud 和一个查询对象 qStud4。请按以下要求完成设计。

（1）建一个查询，计算并输出学生的最大年龄和最小年龄信息，标题显示为"MaxY"和"MinY"，将查询命名为"qStud1"。

（2）创建一个查询，查找并显示年龄小于等于 25 的学生的"编号"、"姓名"和"年龄"，将查询命名为"qStud2"。

（3）创建一个查询，按照入校日期查找学生的报到情况，并显示学生的"编号"、"姓名"和"团员否"三个字段的内容。当运行该查询时，应显示参数提示信息："请输入入校日期："，将查询命名为"qStud3"。

（4）更改 qStud4 查询，将其中的"年龄"字段按升序排列。不要修改 qStud4 查询中其他字段的设置。

四、综合应用题（18 分）

考生文件夹下存在一个数据库文件 samp3. accdb，里面已经设计了表对象 tEmp、窗体对象 fEmp、报表对象 rEmp 和宏对象 mEmp。试在此基础上按照以下要求补充设计。

（1）设置报表 rEmp 按照"性别"字段分组降序排列输出，同时在其对应组页眉区添加一个文本框，命名为"SS"，内容输出为性别值；将报表页面页脚区域内名为"tPage"的文本框控件设置为"页码/总页数"形式的页码显示（如 1/15、2/15、…）。

（2）将窗体对象 fEmp 上的命令按钮（名为"btnQ"）从灰色状态设为可用，然后设置控件的 Tab 键焦点移动顺序为：控件 tData→btnP→btnQ。

（3）在窗体加载事件中实现代码重置窗体标题为标签 bTitle 的标题内容。

（4）在 fEmp 窗体上单击"输出"命令按钮（名为"btnP"），实现以下功能。

计算 10 000 以内的素数个数及最大素数两个值，将其显示在窗体上名为"tData"的文本框内并输出到外部文件保存。

单击"打开表"命令按钮（名为"btnQ"），代码调用宏对象 mEmp 以打开数据表 tEmp。

试根据上述功能要求，对已给的命令按钮事件过程进行代码补充并调试运行。

注意：不允许修改数据库中的表对象 tEmp 和宏对象 mEmp；不允许修改窗体对象 fEmp 和报表对象 rEmp 中未涉及的控件和属性。

只允许在"*****Add*****"与"****Add******"之间的空行内补充语句、完成设计，不允许增删和修改其他位置已存在的语句。

样　卷　二

（考试时间 120 分钟，满分 100 分）

一、选择题（每小题 1 分，共 40 分）

下列各题 A、B、C、D 4 个选项中，只有一个选项是正确的。

（1）下列链表中，其逻辑结构属于非线性结构的是_____。

　　A. 二叉链表　　　　B. 循环链表　　　　C. 双向链表　　　　D. 带链的栈

（2）设循环队列的存储空间为 Q(1:35)，初始状态为 front＝rear＝35。现经过一系列入队与退队运算后，front＝15，rear＝15，则循环队列的元素个数为_____。

　　A. 15　　　　　　B. 16　　　　　　C. 20　　　　　　D. 0 或 35

（3）下列关于栈的叙述中，正确的是_____。

　　A. 栈底元素一定是最后入栈的元素　　B. 栈顶元素一定是最先入栈的元素

　　C. 栈操作遵循先进后出的原则　　　　D. 以上三种说法都不对

（4）在关系数据库中，用来表示实体间联系的是_____。

　　A. 属性　　　　　　B. 二维表　　　　　C. 网状结构　　　　D. 树状结构

（5）公司中有多个部门和多名职员，每个职员只能属于一个部门，一个部门可以有多名职员。则实体部门和职员间的联系是_____。

　　A. 1∶1 联系　　　B. m∶1 联系　　　C. 1∶m 联系　　　D. m∶n 联系

(6) 有两个关系 R 和 S 如下：

R

A	B	C
a	1	2
b	2	1
c	3	1

S

A	B	C
c	3	1

则由关系 R 得到关系 S 的操作是_____。

    A. 选择   B. 投影   C. 自然联结   D. 并

(7) 数据字典(DD)所定义的对象包含于_____。

    A. 数据流图(DFD图)   B. 程序流程图

    C. 软件结构图   D. 方框图

(8) 软件需求规格说明书的作用不包括_____。

    A. 软件验收的依据

    B. 用户与开发人员对软件要做什么的共同理解

    C. 软件设计的依据

    D. 软件可行性研究的依据

(9) 下列属于黑盒测试方法的是_____。

    A. 语句覆盖   B. 逻辑覆盖   C. 边界值分析   D. 路径分析

(10) 下列不属于软件设计阶段任务的是_____。

    A. 软件总体设计   B. 算法设计

    C. 制定软件确定测试计划   D. 数据库设计

(11) 下列关于数据库设计的叙述中，错误的是_____。

    A. 设计时应将有联系的实体设计成一张表

    B. 设计时应避免在表之间出现重复的字段

    C. 使用外部关键字来保证关联表之间的联系

    D. 表中的字段必须是原始数据和基本数据元素

(12) Access 中通配符"-"的含义是_____。

    A. 通配任意单个运算符   B. 通配任意单个字符

    C. 通配任意多个减号   D. 通配指定范围内的任意单个字符

(13) 掩码"LLL000"对应的正确输入数据是_____。

    A. 555555   B. aaa555   C. 555aaa   D. aaaaaa

(14) 对数据表进行筛选操作的结果是_____。

    A. 将满足条件的记录保存在新表中   B. 隐藏表中不满足条件的记录

    C. 将不满足条件的记录保存在新表中   D. 删除表中不满足条件的记录

(15) 若 Access 数据表中有姓名为"李建华"的记录，下列无法查出"李建华"的表达式的是_____。

A. Like "华"　　B. Like "＊华"　　C. Like "＊华＊"　　D. Like "??华"

(16) 有查询设计视图如附图 D.2 所示，它完成的功能是_____。

附图 D.2　选择题 16 图

A. 查询表 check-up 中符合指定学号、身高和体重的记录

B. 查询当前表中学号、身高和体重信息均为 check-up 的记录

C. 查询符合 check-up 条件的记录，显示学号、身高和体重

D. 显示表 check-up 中全部记录的学号、身高和体重

(17) 要设置窗体的控件属性值，可以使用的宏操作是_____。

A. Echo　　　　B. RunSQL　　　　C. SetValue　　　　D. Set

(18) 要覆盖数据库中已存在的表，可使用的查询是_____。

A. 删除查询　　B. 追加查询　　C. 生成表查询　　D. 更新查询

(19) 可以改变"字段大小"属性的字段类型是_____。

A. 文本　　　　B. OLE 对象　　　C. 备注　　　　D. 日期/时间

(20) 在 Access 中已建立了"学生"表，表中有"学号"、"姓名"、"性别"和"入学成绩"等字段。执行如下 SQL 命令：

```
Select 性别, avg(入学成绩) From 学生 Group by 性别
```

其结果是_____。

A. 计算并显示所有学生的性别和入学成绩的平均值

B. 按性别分组计算并显示性别和入学成绩的平均值

C. 计算并显示所有学生的入学成绩的平均值

D. 按性别分组计算并显示所有学生的入学成绩的平均值

(21) 窗口事件是指操作窗口时所引发的事件。下列事件中，不属于窗口事件的是_____。

A. 打开　　　　B. 关闭　　　　C. 加载　　　　D. 取消

(22) Access 数据库中，若要求在窗体上设置输入的数据是取自某一个表或查询中记录的数据，或者取自某固定内容的数据，可以使用的控件是_____。

A. 选项组控件　　　　　　　　B. 列表框或组合框控件

C. 文本框控件　　　　　　　　D. 复选框、切换按钮、选项按钮控件

(23) 要在查找表达式中使用通配符通配一个数字字符,应选用的通配符是_____。

　　A. *　　　　　　B. ?　　　　　　C. !　　　　　　D. #

(24) 在 Access 中已建立了"雇员"表,其中有可以存放照片的字段。在使用向导为该表创建窗体时,"照片"字段所使用的默认控件是_____。

　　A. 图像框　　　B. 绑定对象框　　　C. 非绑定对象框　　　D. 列表框

(25) 在报表设计时,如果只在报表最后一页的主体内容之后输出规定的内容,则需要设置的是_____。

　　A. 报表页眉　　　B. 报表页脚　　　C. 页面页眉　　　D. 页面页脚

(26) SQL 查询命令的结构是:

SELECT···FROM···WHERE···GROUP BY···HAVING···ORDER BY···

其中,使用 HAVING 时必须配合使用的短语是_____。

　　A. FROM　　　B. GROUP BY　　　C. WHERE　　　D. ORDER BY

(27) 在报表中,若要得到"数学"字段的最高分,应将控件的"控件来源"属性设置为_____。

　　A. =Max([数学])　　　　　　　　　B. =Max["数学"]

　　C. =Max[数学]　　　　　　　　　　D. =Max"[数学]"

(28) 附图 D.3 显示的是查询设计视图的设计网格部分,从图中所示的内容,可以判定要创建的查询是_____。

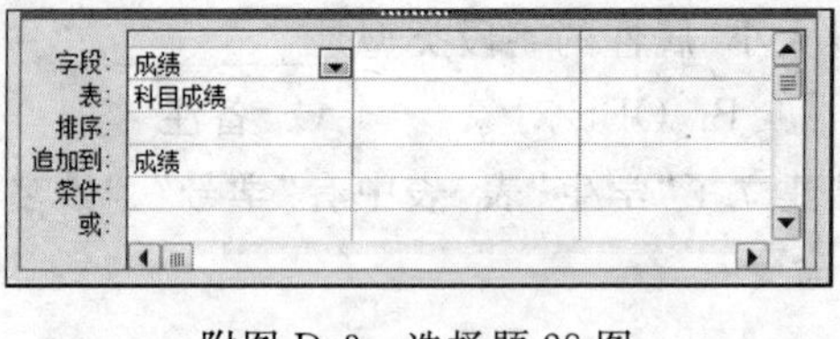

附图 D.3　选择题 28 图

　　A. 删除查询　　　B. 追加查询　　　C. 生成表查询　　　D. 更新查询

(29) 要实现报表按某字段分组统计输出,需要设置的是_____。

　　A. 报表页脚　　　B. 该字段组页脚　　　C. 主体　　　D. 页面页脚

(30) ADO 对象模型包括 5 个对象,分别是 Connection、Command、Field、Error 和_____。

　　A. Database　　　B. Workspace　　　C. Recordset　　　D. DBEngine

(31) 在代码调试时,使用 Debug. Print 语句显示指定变量结果的窗口是_____。

　　A. 立即窗口　　　B. 监视窗口　　　C. 本地窗口　　　D. 属性窗口

(32) 下列选项中,不是 Access 窗体事件的是_____。

　　A. Load　　　B. Unload　　　C. Exit　　　D. Activate

(33) SELECT 命令中用于返回非重复记录的关键字的是_____。

　　A. TOP　　　B. GROUP　　　C. DISTINCT　　　D. ORDER

（34）VBA 程序中，可以实现代码注释功能的是_____。

  A. 方括号（［ ］） B. 冒号（:）   C. 双引号（"）   D. 单引号（'）

（35）下列叙述中，正确的是_____。

  A. Sub 过程无返回值，不能定义返回值类型

  B. Sub 过程有返回值，返回值类型只能是符号常量

  C. Sub 过程有返回值，返回值类型可在调用过程时动态决定

  D. Sub 过程有返回值，返回值类型可由定义时的 As 子句声明

（36）在代码中定义了一个子过程：

```
Sub P(a,b)
    ...
End Sub
```

下列调用该过程的形式中，正确的是_____。

  A. P(10，20)   B. Call P

  C. Call P 10，20   D. Call P(10，20)

（37）在窗体中有一个标签 Labe10 和一个命令按钮 Command1，Command1 的事件代码如下：

```
Private Sub Command1 Click()
    Labe10.Left=Labe10.Left+100
End Sub
```

打开窗体，单击命令按钮，结果是_____。

  A. 标签向左加宽   B. 标签向右加宽

  C. 标签向左移动   D. 标签向右移动

（38）在窗体中有一个名为 Command1 的命令按钮，事件代码如下：

```
Private Sub Command1_Click()
    Dim m(10)
    For k=1 To 10
        m(k)=11-k
    Next k
    x=6
    MsgBox m(2+m(x))
End Sub
```

打开窗体，单击命令按钮，消息框的输出结果是_____。

  A. 2   B. 3   C. 4   D. 5

（39）在窗体中有一个名为 run34 的命令按钮，事件代码如下：

```
Private Sub run34_Click()
    f1=1
    f2=1
    For n=3 To 7
```

```
            f=f1+f2
            f1=f2
            f2=f
        Next n
        MsgBox f
    End Sub
```

打开窗体、单击命令按钮,消息框的输出结果是_____。

    A. 8　　　　　　　　　B. 13　　　　　　　　　C. 21　　　　　　　　　D. 其他结果

(40) DAO层次对象模型的顶层对象是_____。

    A. DBEngine　　　　B. Workspace　　　　C. Database　　　　D. Recordset

二、基本操作题(18分)

考生文件夹下,samp1.mdb 数据库文件中已建立三个关联表对象(名为"职工表"、"物品表"和"销售业绩表")和一个窗体对象(名为"fTest")。请按以下要求,完成表和窗体的各种操作。

(1) 分析表对象"销售业绩表"的字段构成,判断并设置其主键。

(2) 将表对象"物品表"中的"生产厂家"字段重命名为"生产企业"。

(3) 建立表对象"职工表"、"物品表"和"销售业绩表"的表间关系,并实施参照完整性。

(4) 将考生文件夹下 Excel 文件 Test.xls 中的数据链接到当前数据库中,要求数据中的第一行作为字段名,链接表对象命名为"tTest"。

(5) 将窗体 fTest 中名为"bTitle"的控件设置为"特殊效果:阴影"显示。

(6) 在窗体 fTest 中,以命令按钮 bt1 为基准,调整命令按钮 bt2 和 bt3 的大小和水平位置。要求:按钮 bt2 和 bt3 的大小尺寸与按钮 bt1 相同,左边界与按钮 bt1 左对齐。

三、简单应用题(24分)

在考生文件夹下有一个数据库文件 samp2.mdb,里面已经设计好两个表对象 tNorm 和 tStock。请按以下要求完成设计。

(1) 创建一个查询,查找产品最高储备与最低储备相差最小的数量并输出,标题显示为"m_data",所建查询命名为"qT1"。

(2) 创建一个查询,查找库存数量超过 10 000(不含 10 000)的产品,并显示"产品名称"和"库存数量"。所建查询命名为"qT2"。

(3) 创建一个查询,按输入的产品代码查找其产品库存信息,并显示"产品代码"、"产品名称"和"库存数量"。当运行该查询时,应显示提示信息"请输入产品代码:"。所建查询命名为"qT3"。

(4) 创建一个交叉表查询,统计并显示每种产品不同规格的平均单价,显示时行标题为产品名称,列标题为规格,计算字段为单价,所建查询命名为"qT4"。

注意:交叉表查询不做各行小计。

四、综合应用题(18分)

在考生文件夹下有一个数据库文件 samp3.mdb,里面已经设计了表对象 tEmp 和窗体对象 fEmp。同时,给出窗体对象 fEmp 上"计算"按钮(名为 bt)的单击事件代码,试按以下要求完成设计。

(1) 设置窗体对象 fEmp 的标题为"信息输出"。

(2) 将窗体对象 fEmp 上名为"bTitle"的标签以红色显示其标题。

(3) 删除表对象 tEmp 中的"照片"字段。

(4) 按照以下窗体功能,补充事件代码设计。

窗体功能:打开窗体、单击"计算"按钮(名为 bt),事件过程使用 ADO 数据库技术计算出表对象 tEmp 中党员职工的平均年龄,然后将结果显示在窗体的文本框 tAge 内并写入外部文件中。

注意:不能修改数据库中表对象 tEmp 未涉及的字段和数据;不允许修改窗体对象 fEmp 中未涉及的控件和属性。

程序代码只允许在"*****Add*****"与"*****Add*****"之间的空行内补充一行语句,完成设计,不允许增删和修改其他位置上已存在的语句。

样　卷　三

(考试时间 120 分钟,满分 100 分)

一、选择题(每小题 1 分,共 40 分)

下列各题 A、B、C、D 4 个选项中,只有一个选项是正确的。

(1) 下列叙述中正确的是_____。

　A. 循环队列是队列的一种链式存储结构

　B. 循环队列是一种逻辑结构

　C. 循环队列是非线性结构

　D. 循环队列是队列的一种顺序存储结构

(2) 下列叙述中正确的是_____。

　A. 栈是一种先进先出的线性表

　B. 队列是一种后进先出的线性表

　C. 栈与队列都是非线性结构

　D. 以上三种说法都不对

(3) 一棵二叉树共有 25 个结点,其中 5 个是叶子结点,则度为 1 的结点数为_____。

　A. 4　　　　　　B. 10　　　　　　C. 6　　　　　　D. 16

(4)下列模式中,能够给出数据库物理存储结构与物理存取方法的是_____。

　A. 内模式　　　B. 外模式　　　C. 概念模式　　　D. 逻辑模式

(5) 在满足实体完整性约束的条件下_____。

　A. 一个关系中必须有多个候选关键字

　B. 一个关系中只能有一个候选关键字

C. 一个关系中应该有一个或多个候选关键字

D. 一个关系中可以没有候选关键字

(6) 有三个关系 R、S 和 T 如下：

R			S			T		
A	B	C	A	B	C	A	B	C
a	1	2	a	1	2	b	2	1
b	2	1	d	2	1	c	3	1
c	3	1						

则由关系 R 和 S 得到关系 T 的操作的是_____。

A. 差　　　　　B. 自然连接　　　C. 交　　　　　D. 并

(7) 软件生命周期中的活动不包括_____。

A. 需求分析　　B. 市场调研　　　C. 软件测试　　　D. 软件维护

(8) 下面不属于需求分析阶段任务的是_____。

A. 确定软件系统的功能需求　　　B. 制定软件集成测试计划

C. 确定软件系统的性能需求　　　D. 需求规格说明书评审

(9) 在黑盒测试方法中，设计测试用例的主要根据是_____。

A. 程序内部逻辑　　　　　　　　B. 程序流程图

C. 程序数据结构　　　　　　　　D. 程序外部功能

(10) 在软件设计中不使用的工具是_____。

A. 数据流图（DFD）　　　　　　 B. PAD

C. 系统结构图　　　　　　　　　D. 程序流程图

(11) 在 Access 数据库中，用来表示实体的是_____。

A. 表　　　　　B. 记录　　　　　C. 字段　　　　　D. 域

(12) 在学生表中要查找年龄大于 18 岁的男学生，所进行的操作属于关系运算中的_____。

A. 投影　　　　B. 选择　　　　　C. 连接　　　　　D. 自然连接

(13) 假设学生表已有年级、专业、学号、姓名、性别和生日 6 个属性，其中可以作为主关键字的是_____。

A. 姓名　　　　B. 学号　　　　　C. 专业　　　　　D. 年级

(14) 下列关于索引的叙述中，错误的是_____。

A. 可以为所有的数据类型建立索引

B. 可以提高对表中记录的查询速度

C. 可以加快对表中记录的排序速度

D. 可以基于单个字段或多个字段建立索引

(15) 若查找某个字段中以字母 A 开头且以字母 Z 结尾的所有记录，则条件表达式应设置为_____。

A. Like "A $ Z"　　　　　　B. Like "A ♯ Z"

C. Like "A * Z"　　　　　　D. Like "A?Z"

(16) 在学生表中建立查询,"姓名"字段的查询条件设置为"Is Null",运行该查询后,显示的记录是_____。

A. 姓名字段为空的记录　　　　B. 姓名字段中包含空格的记录

C. 姓名字段不为空的记录　　　D. 姓名字段中不包含空格的记录

(17) 若要在一对多的关联关系中,"一方"原始记录更改后,"多方"自动更改,应启用_____。

A. 有效性规则　　　　　　　　B. 级联删除相关记录

C. 完整性规则　　　　　　　　D. 级联更新相关记录

(18) 教师表的"选择查询"设计视图如附图 D.4 所示,则查询结果是_____。

A. 显示教师的职称、姓名和同名教师的人数

B. 显示教师的职称、姓名和同样职称的人数

C. 按职称的顺序分组显示教师的姓名

D. 按职称统计各类职称的教师人数

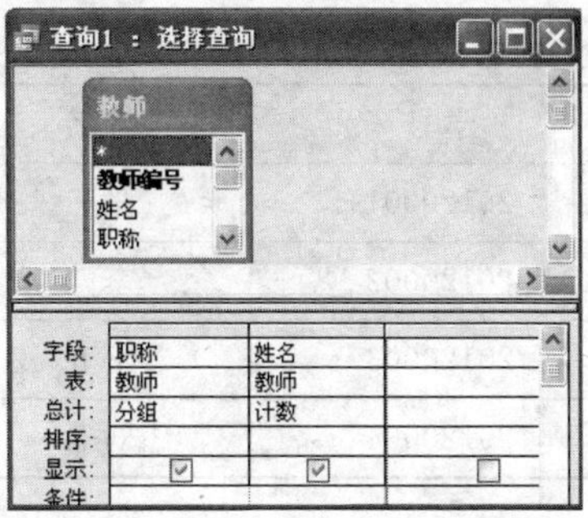

附图 D.4　选择题 18 图

(19) 在教师表中"职称"字段可能的取值为:教授、副教授、讲师和助教,要查找职称为教授或副教授的教师,错误的语句是_____。

A. SELECT * FROM 教师表 WHERE (InStr([职称], "教授")<> 0)

B. SELECT * FROM 教师表 WHERE(Right([职称], 2)="教授")

C. SELECT * FROM 教师表 WHERE([职称]="教授")

D. SELECT * FROM 教师表 WHERE(InStr([职称], "教授")=1 Or InStr([职称], "教授")=2)

(20) 在窗体中为了更新数据表中的字段,要选择相关的控件,正确的控件选择是_____。

A. 只能选择绑定型控件

B. 只能选择计算型控件

C. 可以选择绑定型或计算型控件

D. 可以选择绑定型、非绑定型或计算型控件

(21) 已知教师表"学历"字段的值只可能是 4 项(博士、硕士、本科或其他)之一,为了方便输入数据,设计窗体时,学历对应的控件应该选择_____。

A. 标签　　　　B. 文本框　　　　C. 复选框　　　　D. 组合框

(22) 在报表设计的工具栏中,用于修饰版面以达到更好显示效果的控件是_____。

A. 直线和多边形　　　　　　　B. 直线和矩形

C. 直线和圆形　　　　　　　　　　　　D. 矩形和圆形

（23）要在报表中输出时间，设计报表时要添加一个控件，且需要将该控件的"控件来源"属性设置为时间表达式，最合适的控件是_____。

A. 标签　　　　　B. 文本框　　　　　C. 列表框　　　　　D. 组合框

（24）用 SQL 语句将 STUDENT 表中字段"年龄"的值加 1，可以使用的命令是_____。

A. REPLACE STUDENT 年龄＝年龄＋1

B. REPLACE STUDENT 年龄 WITH 年龄＋1

C. UPDATE STUDENT SET 年龄＝年龄＋1

D. UPDATE STUDENT 年龄 WITH 年龄＋1

（25）已知学生表如附表 D.3 所示。

附表 D.3　学生表

学号	姓名	年龄	性别	班级
20120001	张三	18	男	计算机一班
20120002	李四	19	男	计算机一班
20120003	王五	20	男	计算机一班
20120004	刘七	19	女	计算机二班

执行下列命令后，得到的记录数是_____。

SELECT 班级,MAX(年龄) FROM 学生表 GROUP BY 班级

A. 4　　　　　　　B. 3　　　　　　　C. 2　　　　　　　D. 1

（26）要求主表中没有相关记录时就不能将记录添加到相关表中，则应该在表关系中设置_____。

A. 参照完整性　　　　　　　　　　　　B. 有效性规则

C. 输入掩码　　　　　　　　　　　　　D. 级联更新相关字段

（27）在 Access 中已建立了"工资"表，表中包括"职工号"、"所在单位"、"基本工资"和"应发工资"等字段，如果要按单位统计应发工资总数，那么在查询设计视图的"所在单位"的"总计"行和"应发工资"的"总计"行中分别选择的是_____。

A. sum, group by　　　　　　　　　　B. count, group by

C. group by, sum　　　　　　　　　　D. group by, count

（28）在一个数据库中已经设置了自动宏 AutoExec，如果在打开数据库的时候不想执行这个自动宏，正确的操作是_____。

A. 用 Enter 键打开数据库　　　　　　B. 打开数据库时按住 Alt 键

C. 打开数据库时按住 Ctrl 键　　　　　D. 打开数据库时按住 Shift 键

（29）有如下语句：

s＝Int(100＊Rnd)

执行完毕后,s 的值是_____。

    A. [0, 99]的随机整数   B. [0, 100]的随机整数

    C. [1, 99]的随机整数   D. [1, 100]的随机整数

(30) InputBox 函数的返回值类型是_____。

    A. 数值   B. 字符串

    C. 变体   D. 数值或字符串(视输入的数据而定)

(31) 假设某数据库已建有宏对象"宏 1","宏 1"中只有一个宏操作 SetValue,其中第一个参数项目为"[Label0]. [Caption]",第二个参数表达式为"[Text0]"。窗体 fmTest 中有一个标签 Label0 和一个文本框 Text0,现设置控件 Text0 的"更新后"事件为运行"宏 1",则结果是_____。

    A. 将文本框清空

    B. 将标签清空

    C. 将文本框中的内容复制给标签的标题,使二者显示相同内容

    D. 将标签的标题复制到文本框,使二者显示相同内容

(32) 在宏设计窗口中有"宏名"、"条件"、"操作"和"备注"等列,其中不能省略的是_____。

    A. 宏名   B. 操作   C. 条件   D. 备注

(33) 宏操作不能处理的是_____。

    A. 打开报表   B. 对错误进行处理

    C. 显示提示信息   D. 打开和关闭窗体

(34) 下列关于 VBA 事件的叙述中,正确的是_____。

    A. 触发相同的事件可以执行不同的事件过程

    B. 每个对象的事件都是不相同的

    C. 事件都是由用户操作触发的

    D. 事件可以由程序员定义

(35) 下列不属于类模块对象基本特征的是_____。

    A. 事件   B. 属性   C. 方法   D. 函数

(36) 用来测试当前读写位置是否达到文件末尾的函数的是_____。

    A. EOF   B. FileLen   C. Len   D. LOF

(37) 下列表达式中,能够保留变量 x 整数部分并进行四舍五入的是_____。

    A. Fix(x)   B. Rnd(x)   C. Round(x)   D. Int(x)

(38) 运行下列过程,当输入一组数据:10,20,50,80,40,30,90,100,60,70,输出的结果应该是_____。

```
Sub p1()
  Dim i, j, arr(11) As Integer
  k=1
  while k < =10
    arr(k)=Val(InputBox("请输入第" & k & "个数:", "输入窗口"))
```

```
      k=k+1
    Wend
    For i=1 To 9
      j=i+1
      If arr(i) > arr(j) Then
        temp=arr(i)
        arr(i)=arr(j)
        arr(j)=temp
      End If
      Debug.Print arr(i)
    Next i
End Sub
```

  A. 无序数列 B. 升序数列 C. 降序数列 D. 原输入数列

（39）下列程序的功能是计算 N＝2＋(2＋4)＋(2＋4＋6)＋…＋(2＋4＋6＋…＋40)
的值。

```
Private Sub Command34_Click()
    t=0
    m=0
    sum=0
    Do
        t=t+m
        sum=sum+t
        m= _____
    Loop while m<41
    MsgBox "Sum=" & sum
End Sub
```

  空白处应该填写的语句是_____。

  A. t＋2   B. t＋1   C. m＋2   D. m＋1

（40）利用 ADO 访问数据库的步骤是：

  ① 定义和创建 ADO 实例变量

  ② 设置连接参数并打开连接

  ③ 设置命令参数并执行命令

  ④ 设置查询参数并打开记录集

  ⑤ 操作记录集

  ⑥ 关闭、回收有关对象

这些步骤的执行顺序应该是_____。

  A. ①④③②⑤⑥   B. ①③④②⑤⑥

  C. ①③④⑤②⑥   D. ①②③④⑤⑥

二、基本操作题（18 分）

在考生文件夹下的 samp1.mdb 数据库文件中已建立三个关联表对象（名为"职工

表"、"物品表"和"销售业绩表")、一个窗体对象(名为"fTest")和一个宏对象(名为"mTest")。请按以下要求,完成表和窗体的各种操作。

(1) 分析表对象"销售业绩表"的字段构成,判断并设置其主键。

(2) 为表对象"职工表"追加一个新字段。字段名称为"类别"、数据类型为"文本型"、字段大小为2,设置该字段的有效性规则为只能输入"在职"与"退休"值之一。

(3) 将考生文件夹下文本文件 Test.txt 中的数据链接到当前数据库中。其中,第一行数据是字段名,链接对象以"tTest"命名保存。

(4) 窗体 fTest 上命令按钮 bt1 和命令按钮 bt2 大小一致,且上对齐。现调整命令按钮 bt3 的大小与位置,要求:按钮 bt3 的大小尺寸与按钮 bt1 相同、上边界与按钮 bt1 对齐、水平位置处于按钮 bt1 和 bt2 的中间。

注意,不要更改命令按钮 bt1 和 bt2 的大小和位置。

(5) 更改窗体上三个命令按钮的 Tab 键移动顺序为:bt1→bt2→bt3→bt1→…

(6) 将宏 mTest 重命名为"mTemp"。

三、简单应用题(24 分)

在考生文件夹下有一个数据库文件 samp2.mdb,里面已经设计好三个关联表对象 tStud、tCourse、tScore 和表对象 tTemp。请按以下要求完成设计。

(1) 创建一个选择查询,查找并显示没有摄影爱好的学生的"学号"、"姓名"、"性别"和"年龄"4 个字段内容,将查询命名为"qT1"。

(2) 创建一个总计查询,查找学生的成绩信息,并显示为"学号"和"平均成绩"两列内容。其中"平均成绩"一列数据由统计计算得到,将查询命名为"qT2"。

(3) 创建一个选择查询,查找并显示学生的"姓名"、"课程名"和"成绩"三个字段内容,将查询命名为"qT3"。

(4) 创建一个更新查询,将表 tTemp 中"年龄"字段值加 1,并清除"团员否"字段的值,所建查询命名为"qT4"。

四、综合应用题(18 分)

在考生文件夹下有一个数据库文件 samp3.mdb,里面已经设计了表对象 tEmp、窗体对象 fEmp、报表对象 rEmp 和宏对象 mEmp。请在此基础上按照以下要求补充设计。

(1) 设置表对象 tEmp 中"聘用时间"字段的有效性规则为:2006 年 9 月 30 日(含)以前的时间。相应有效性文本设置为"输入二零零六年九月以前的日期"。

(2) 设置报表 rEmp 按照"年龄"字段降序排列输出;将报表页面页脚区域内名为"tPage"的文本框控件设置为"页码-总页数"形式的页码显示(如 1-15、2-15、…)。

(3) 将 fEmp 窗体上名为"bTitle"的标签宽度设置为 5cm、高度设置为 1cm,设置其标题为"数据信息输出"并居中显示。

(4) fEmp 窗体上单击"输出"命令按钮(名为"btnP"),实现以下功能:计算 Fibonacci 数列第 19 项的值,将结果显示在窗体上名为"tData"的文本框内并输出到外部文件保存;单击"打开表"命令按钮(名为"btnQ"),调用宏对象 mEmp 以打开数据表 tEmp。

Fibonacci 数列:

$$F_1 = 1 \qquad\qquad n = 1$$
$$F_2 = 1 \qquad\qquad n = 2$$
$$F_n = F_{n-1} + F_{n-2} \qquad n \geqslant 3$$

调试完毕后，必须单击"输出"命令按钮生成外部文件，才能得分。

试根据上述功能要求，对已给的命令按钮事件进行补充和完善。

注意：不要修改数据库中的宏对象 mEmp；不要修改窗体对象 fEmp 和报表对象 rEmp 中未涉及的控件和属性；不要修改表对象 tEmp 中未涉及的字段和属性。

程序代码只允许在"*****Add*****"与"*****Add*****"之间的空行内补充一行语句、完成设计，不允许增删和修改其他位置已存在的语句。

样卷一答案解析

一、选择题

（1）C。解析：对于线性结构，除了首结点和尾结点外，每一个结点只有一个前驱结点和一个后继结点。线性表、栈、队列都是线性结构，循环链表和双向链表是线性表的链式存储结构；二叉链表是二叉树的存储结构，而二叉树是非线性结构，因为二叉树有些结点有两个后继结点，不符合线性结构的定义。

（2）B。解析：由于线性单链表的每个结点只有一个指针域，由这个指针只能找到其后继结点，但不能找到其前驱结点。也就是说，只能顺着指针向链尾方向进行扫描，因此必须从头指针开始，才能访问到所有的结点。循环链表的最后一个结点的指针域指向表头结点，所有结点的指针构成了一个环状链，只要指出表中任何一个结点的位置就可以从它出发访问到表中其他所有的结点。双向链表中的每个结点设置有两个指针，一个指向其前驱，一个指向其后继，这样从任意一个结点开始，既可以向前查找，也可以向后查找，在结点的访问过程中一般从当前结点向链尾方向扫描，如果没有找到，则从链尾向头结点方向扫描，这样部分结点就要被遍历两次，因此不符合题意。二叉链表是二叉树的一种链式存储结构，每个结点有两个指针域，分别指向左右子节点，可见，二叉链表只能由根结点向叶子结点的方向遍历。

（3）C。解析：递归调用就是在当前的函数中调用当前的函数并传给相应的参数，这是一个动作，这一动作是层层进行的，直到满足一般情况的时候，才停止递归调用，开始从最后一个递归调用返回。函数的调用原则和数据结构栈的实现是相一致的。也说明函数调用是通过栈实现的。

（4）D。解析：软件是一种逻辑实体，而不是物理实体。既然不是物理实体，软件在运行、使用期间就不存在磨损、老化等问题。

（5）B。解析：等价类划分法是一种典型的、重要的黑盒测试方法，它将程序所有可能的输入数据（有效的和无效的）划分成若干个等价类，然后从每个等价类中选取数据作为测试用例。其他黑盒测试方法还有边界值分析法、错误推测法、因果图法。

（6）A。解析：软件设计是一个把软件需求转换为软件表示的过程。从技术观点上看,软件设计包括软件结构设计、数据设计、接口设计、过程设计。软件的功能确定是需求分析阶段的任务。

(7) B。解析:数据库管理系统负责数据库中的数据组织、数据操纵、数据维护、控制及保护和数据服务等,它是一种系统软件。系统软件是指控制和协调计算机及外部设备,支持应用软件开发和运行的系统,是无须用户干预的各种程序的集合。系统软件使得计算机使用者和其他软件将计算机当作一个整体而不需要顾及底层每个硬件是如何工作的。系统软件主要包括如下几个方面。

① 操作系统软件。

② 各种语言的解释程序和编译程序。

③ 各种服务性程序。

④ 各种数据库管理系统。

(8) A。解析:实体、属性和联系是 E-R 模型的三要素,在 E-R 图中分别用矩形、椭圆和菱形表示。

(9) C。解析:关系 T 由关系 R 的 A、C 两列组成,显然这是投影运算的结果。投影是从表中选出指定的属性值组成新表,是单目运算。

(10) A。解析:关键字是能唯一标识元组的最小属性集。一本书的 ISBN 号是唯一的,能够唯一地标识这本书,可以作为关键字。书名可能会重复,一个作者也可能写有几本不同的书,作者名也可能重复,同一出版社的图书品种多种多样,在同一日期出版的书也很多,这些属性都不能唯一地标识一本书,因此不能作为关键字。

(11) B。解析:关系数据库采用关系模型,用二维表结构来表示实体以及实体之间的联系。关系模型以关系代数作为理论基础,操作的对象和结果都是二维表。

(12) D。解析:实体间的联系有一对一、一对多和多对多。在一对多关系中,表 A 的一条记录在表 B 中可以有多条记录与之对应,但表 B 中的一条记录最多只能有一条表 A 的记录与之对应。

(13) A。解析:输入掩码中,"#"表示可以输入数字或空格,同时允许输入加号和减号。

(14) A。解析:Access 是一种关系数据库。在关系模型中,元组的次序无关紧要,任意交换两行的位置不会影响数据的实际含义。另外,列的次序也无关紧要,任意交换两列的位置也不会影响数据的实际含义。

(15) B。解析:主关键字是能唯一地标识一个元组的属性或属性组。Access 利用主关键字可以迅速关联多个表中的数据,不允许在主关键字字段中有重复值或空值(Null)。在有些应用系统中,常常采用增加如"自动编号"这类数据作为关键字以区分各条记录。

(16) C。解析:字段大小属性用于限制输入到该字段的最大长度。注意,在 Access 中,如果文本型字段的值是汉字,每个汉字占一位,而不是两位。字段大小为 10,则可输入的汉字数和英文字符数都是 10。

(17) C。解析:在 Access 中设计查询时,如果要引用字段,则需要注明数据源,且数据源和引用字段均应用方括号"[ ]"括起来,并用"!"作为分隔符。"!"运算符用来引用集合中由用户定义的一个对象或控件。[forms]![按雇员姓名查询]![姓名]表示引用"按雇员姓名查询"窗体上的"姓名"控件。如果不加[forms],则[按雇员姓名查询]![姓名]表示引用"按雇员姓名查询"表中的"姓名"字段。很显然,[forms]![按雇员姓名查询]![姓名]与[按雇员姓名查询]![姓名]所表示的意义不同。

(18) D。解析:本题要注意几个关系运算符的使用,特别是 in。in 用于指定一个字段值的列表,列表中的任意一个值都可以与查询的字段相匹配。in(30,40)可以匹配的只有两个值 30、40,显然是不符合要求的。如果要表示 30~40 这一范围,可以使用运算符 between,具体表达式是:between 30 and 40。

(19) C。解析:Access 2010 提供了四种筛选记录的方法,分别是按选定内容筛选、使用筛选器筛选、按窗体筛选和高级筛选。"按选定内容筛选"是一种最简单的筛选方法,使用它可以很容易地找到包含某字段值的记录,具体操作是:以数据表视图的方式打开表,在字段列选取要筛选的内容,然后在"开始"选项卡的"排序和筛选"组中单击"选择"按钮,从下拉菜单中选择筛选选项。

(20) D。解析:窗体及窗体中的每一个控件都具有各自的属性,这些属性决定了窗体及控件的外观、它所包含的数据,以及对鼠标或键盘事件的响应。

(21) B。解析:在 SQL 查询命令中,SELECT 用于指定要选取的字段列;FROM 用于指定查询的数据源;WHERE 用于指定查询的条件;GROUP BY 用于对检索结果进行分组;HAVING 必须跟随 GROUP BY 使用,用于限定分组必须满足的条件;ORDER BY 用于对检索结果进行排序。

(22) B。解析:事件是在数据库中执行的一种特殊操作,是对象所能辨识和检测的动作。当此动作发生于某一个对象上时,其对应的事件便会被触发。事件是预先定义好的活动。也就是说,一个对象拥有哪些事件是由系统本身定义的,至于事件被引发后要执行什么内容,则由用户为此事件编写的宏或事件过程决定。事件过程是为响应由用户或程序代码引发的事件或由系统触发的事件而运行的过程。

(23) D。解析:消息框用于在对话框中显示消息,等待用户单击按钮,并返回一个整型值告诉用户单击了哪一个按钮。格式为:MsgBox(提示信息[,按钮类型][,标题][,帮助文件][,帮助上下文编号]),其中提示信息是必需的,其他参数是可选的。

(24) D。解析:宏操作 SetValue 的功能是为窗体、窗体数据表或报表上的控件、字段或属性设置值。

(25) B。解析:本题主要考查 Mid、Left 和 Right 三个函数。Mid 函数格式为 Mid(<字符串表达式>,<m>,<n>),表示从字符串左边的第 m 个字符起截取 n 个字符;Left 函数的格式为 Left(<字符串表达式>,<n>),表示从字符串左边起截取 n 个字符;Right 函数的格式为 Right(<字符串表达式>,<n>),表示从字符串右边起截取 n 个字符。"数据库"是变量 b 从左边起的三个字符;"工程师"是变量 a 从右边起的三个字符。字符串的连接可以用"&"和"+"两个运算符。

(26) B。解析:Do…Loop 循环有 4 种结构,Do While…Loop、Do Until…Loop、Do…Loop While、Do…Loop Until。这 4 种结构要退出循环体,用的都是 Exit Do 语句。

(27) C。解析:删除空格函数有 LTrim、RTrim 和 Trim。LTrim 用于删除字符串的开始空格;RTrim 用于删除字符串的尾部空格;Trim 用于删除字符串的开始和尾部空格。

(28) A。解析："&"用来强制两个表达式做字符串连接。VBA中,文本注释使用Rem语句或单引号"'";乘法运算符为"*";取余运算符为Mod。

(29) D。解析:Nz函数可以将Null值转换为0、空字符串("")或者其他的指定值。调用格式为:Nz(表达式或字段属性值[,规定值]),当"规定值"参数省略时,如果"表达式或字段属性值"为数值型且值为Null,Nz函数返回0;如果"表达式或字段属性值"为字符型且值为Null,Nz函数返回空字符串("")。当"规定值"参数存在时,如果"表达式或字段属性值"为Null,Nz函数返回"规定值"。

(30) A。解析:Sub过程又称为子过程,执行一系列操作,无返回值。Function过程又称为函数过程。执行一系列操作,有返回值。

(31) A。解析:Access内嵌的VBA功能强大,采用目前主流的面向对象机制和可视化编程环境。VBA构成对象的三要素是属性、事件、方法。一个对象就是一个实体,每个对象都具有一些属性以相互区分,即属性可以定义对象的一个实例。除了属性以外,对象还有方法。对象的方法就是对象可以执行的行为。一般情况下,每个对象都具有多个方法。属性和方法描述了对象的性质和行为,其引用方式为"对象.属性"或"对象.行为"。事件是Access窗体或报表及其上的控件等对象可以"辨识"的动作,如单击鼠标、窗体或报表打开等。

(32) C。解析:数据文件读写函数有:Open函数——打开文件,Input函数——提取文件内容,Write函数——向文件写入内容,Print函数——将一系列值写入打开的文件。

(33) C。解析:打开记录集对象一般有三种处理方法:第一种是使用记录集的Open方法,第二种是用Connection对象的Execute方法,第三种是用Command对象的Execute方法。

(34) C。解析:Do…Loop While循环先执行循环体,再判断循环条件,也就是说,不管条件是否满足,至少执行一次循环体。本题x、y的初始值分别为2、4,执行一次循环体后,x=2*4=8,y=4+1=5;然后判断条件y<4不成立,退出循环。此时,x=8。

(35) A。解析:a=75满足条件"a>60",执行THEN后的语句,将1赋值给变量k,然后结束条件判断,将k的值1输出到消息框,所以消息框的结果是1。

(36) C。解析:Select Case结构运行时,首先计算"表达式"的值,它可以是字符串或者数值变量或表达式。然后会依次计算测试每个Case表达式的值,直到值匹配成功,程序会转入相应的Case结构内执行语句。本题中,当i=1和3时,执行a=a+1,当i=2时,a=a+2,所以a=1+1+2+1=5。

(37) C。解析:当i=1时,sum=0+0/1;当i=2时,sum=0+0/1+1/2;当i=3时,sum=0+0/1+1/2+2/3;当i=4时,sum=0+0/1+1/2+2/3+3/4;当i=5时,sum=0+0/1+1/2+2/3+3/4+4/5,即For循环是用来计算表达式"1/2+2/3+3/4+4/5"的。

（38）C。解析：Case 表达式可以是下列 4 种格式之一：单一数值或一行并列的数值，用来与"表达式"的值相比较。成员间以逗号隔开；由关键字 To 分隔开两个数值或表达式之间的范围；关键字 Is 接关系运算符；关键字 Case Else 后的表达式，是在前面的 Case 条件都不满足时执行的。本题选项 C 中用的是逻辑运算符 And 连接两个表达式，所以不对，应该以逗号隔开。

（39）D。解析：用户定义数据类型是使用 Type 语句定义的数据类型。用户定义的数据类型可以包含一个或多个任意数据类型的元素。由 Dim 语句可创建用户定义的数组和其他数据类型。用户定义类型变量的取值，可以指明变量名及分量名，两者之间用句点分隔。本题中选项 A、选项 C 中变量名均用的是类型名，所以错误。"score(1 to 3) As Single"定义了三个单精度数构成的数组，数组元素为 score(1)～score(3)。

（40）A。解析：更新记录值的 SQL 语句为 Update，具体用法是：

```
Update<表名>
    Set<字段名 1>=< 表达式 1>[,< 字段名 2>=    < 表达式 2>]…
[Where<条件>];
```

二、基本操作题

（1）【操作步骤】

步骤 1：打开数据库 samp1.accdb，在"创建"选项卡的"表格"组中单击"表"按钮，新建一个空白表，并进入该表的"数据表视图"，如附图 D.5 所示。

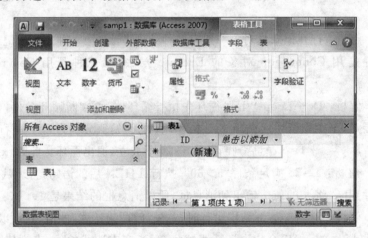

附图 D.5　数据表视图

步骤 2：在快速访问工具栏中单击"保存"按钮，将表 1 保存为 tEmployee。

步骤 3：右击 tEmployee 表的标签，在弹出的快捷菜单中选择"设计视图"命令，将 tEmployee 表以设计视图的方式显示。可以发现，ID 字段默认为关键字。

步骤 4：将字段"ID"的名称改为"职工 ID"，在"数据类型"下拉列表中选择"文本"，在窗口下方的"字段属性"区域的"字段大小"文本框中输入"5"。

步骤5：在键盘上按↓键，将光标移至第二行，根据题表的要求，按步骤4输入"姓名"、"职称"和"聘任日期"字段，并设置其数据类型、字段大小和格式，结果如附图 D.6 所示。

（2）【操作步骤】

职工的 ID 是唯一的，可以作为 tEmployee 表的关键字。由（1）的步骤3可知，职工 ID 已经被设置为关键字。

（3）【操作步骤】

在"聘任日期"字段下方输入"借书证号"，数据类型选择"文本"；在"字段属性"区域的"字段大小"文本框中输入"10"，在"有效性规则"文本框中输入"Is Not Null"，如附图 D.7 所示。

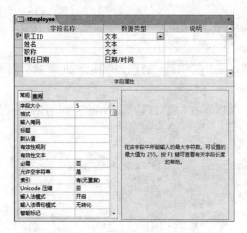

附图 D.6 tEmployee 表结构

附图 D.7 设置"借书证号"字段

（4）【操作步骤】

选择"职称"字段，在"字段属性"区域的"默认值"文本框中输入"副教授"。

（5）【操作步骤】

选择"职工 ID"字段，在"字段属性"区域的"输入掩码"文本框中输入"00000"，保存设置。

（6）【操作步骤】

切换到数据表视图，按附表 D.2 所示录入记录，结果如附图 D.8 所示。

附图 D.8 tEmployee 表记录

三、简单应用题

（1）【操作步骤】

步骤1：打开数据库文件 samp2.accdb，在"创建"选项卡下单击"查询设计"按钮，弹出"显示表"对话框，双击表 tStud 添加到查询设计器中，关闭"显示表"对话框。

步骤2：连续两次双击"年龄"字段将其添加到查询设计视图的"字段"列中，分别在"年龄"字段前添加"MaxY："、"MinY："，在"设计"选项卡的"显示/隐藏"组中单击"汇总"按钮Σ，然后在查询设计器的"总计"行分别选择"最大值"和"最小值"，如附图 D.9 所示。

步骤3：单击快速访问工具栏中的"保存"按钮（或者按 Ctrl＋S 键），弹出"另存为"对话框，在"查询名称"文本框中输入"qStud1"，单击"确定"按钮。关闭查询设计器。

（2）【操作步骤】

步骤1：在"创建"选项卡下单击"查询设计"按钮，弹出"显示表"对话框，双击表 tStud 添加到查询设计视图中，关闭"显示表"对话框。

步骤2：在字段列表中分别双击"编号"、"姓名"、"年龄"字段，将其添加到"设计网格"区。

步骤3：在"年龄"字段的"条件"行输入"＜＝18"，在"或"行输入"＞23"，如附图 D.10 所示。

附图 D.9　查询设计视图

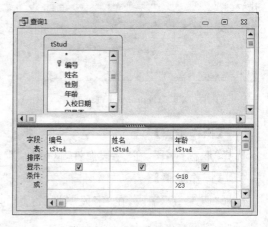

附图 D.10　查询设计视图

步骤4：单击"保存"按钮，另存为"qStud2"，关闭查询设计视图。

（3）【操作步骤】

步骤1：在"创建"选项卡下单击"查询设计"按钮，弹出"显示表"对话框中，双击表 tStud 添加到查询设计视图中，关闭"显示表"对话框。

步骤2：在字段列表中分别双击"编号"、"姓名"、"团员否"、"入校日期"和"简历"字段，将其添加到"设计网格"区。

步骤3：在"入校日期"字段的"条件"行输入"［请输入入校日期：］"，单击"显示"行取消对字段的勾选。

步骤4：在"简历"字段的"条件"行输入"Like "山东 * ""，单击"显示"行取消该对字段的勾选。结果如附图D.11所示。

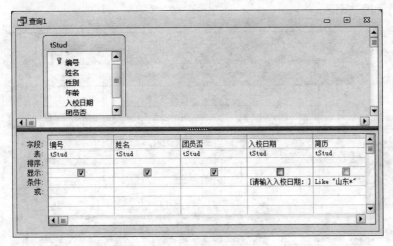

附图 D.11 查询设计视图

步骤5：单击"保存"按钮，另存为"qStud3"，关闭查询设计视图。

（4）【操作步骤】

步骤1：在导航窗格中显示所有对象，然后选中"查询"对象中的 qStud4，右击 qStud4，在弹出的快捷菜单中选择"设计视图"命令，打开查询设计视图。

步骤2：在"年龄"字段的"排序"行下拉列表中选中"升序"，如附图 D.12 所示。

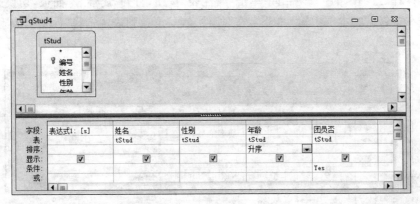

附图 D.12 查询设计视图

步骤3：保存设置，关闭查询设计视图。

四、综合应用题

（1）【操作步骤】

步骤1：在导航窗格中右击报表对象 rEmp，在弹出的快捷菜单中选择"设计视图"命令，打开报表设计视图。

步骤2：在"设计"选项卡中单击"分组和排序"按钮，在窗口下方出现的"分组、排序和汇总"组中单击"添加组"按钮,在弹出的字段菜单中选择"性别",并选择"降序",如附图 D.13 所示;然后单击"更多"按钮,选择"有页眉节",分组形式选择"按整个值"。关闭"分组、排序和汇总"区。

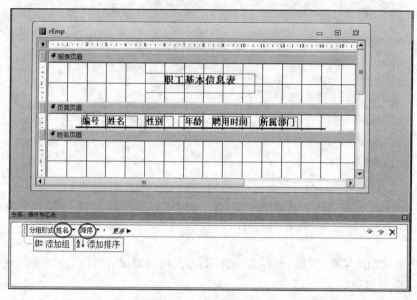

附图 D.13　分组和排序

步骤 3:将在"设计"选项卡的"控件"组中选择的"文本框"控件,放到"性别页眉"中;然后在"设计"选项卡的"工具"组中单击"属性表"按钮,打开"属性表"面板,切换到"全部"选项卡,在"名称"文本框中输入"SS",在"控件来源"下拉列表中选择"性别",如附图 D.14 所示。

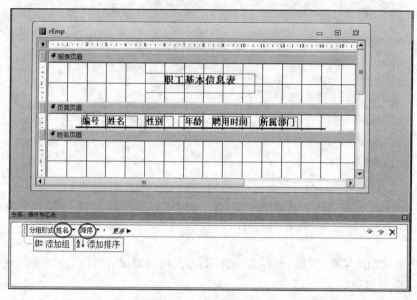

附图 D.14　设置属性

步骤 4:在"页面页脚"区域选中 tPage 文本框控件,在"属性表"面板的"控件来源"属性中输入:=[Page] & "/" & [Pages],关闭属性表。单击"保存"按钮保存报表,关闭报表设计视图。

（2）【操作步骤】

步骤1：在导航窗格中右击窗体对象 fEmp，在弹出的快捷菜单中选择"设计视图"命令，打开窗体对象 fEmp 的设计视图。

步骤2：选中 btnQ 命令按钮，右击，在弹出的快捷菜单中选择"属性"命令，打开"属性表"面板，切换到"数据"选项卡，在"可用"下拉列表中选择"是"，如附图 D.15 所示。

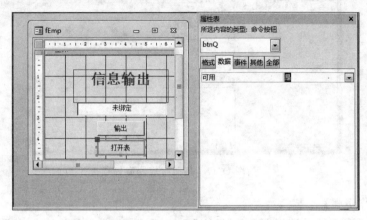

附图 D.15 设置 btnQ 属性

步骤3：选中 tData 控件，将"属性表"切换到"其他"选项卡，在"Tab 键索引"文本框中输入"0"，如附图 D.16 所示；选中 btnP 控件，将"Tab 键索引"属性设置为"1"，关闭属性表。单击"保存"按钮保存窗体修改。

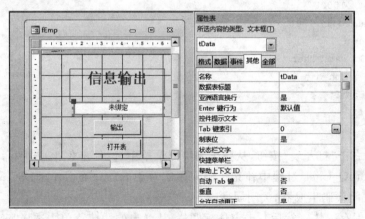

附图 D.16 设置 Tab 键索引

（3）【操作步骤】

步骤1：在 fEmp 窗体空白处右击，从弹出的快捷菜单中选择"事件生成器"命令，打开代码生成器。

步骤2：在"对象"下拉列表中选择 Form，在"过程"下拉列表中选择 Load，设置窗体标题为标签"bTitle"的标题内容的语句为：Caption＝bTitle.Caption，如附图 D.17 所示。关闭代码生成器，关闭属性表。

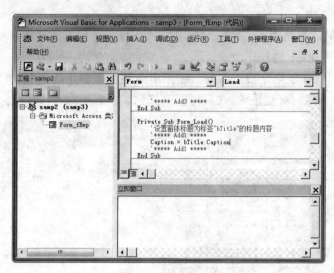

附图 D.17　代码生成器窗口

(4)【操作步骤】

步骤 1：选中窗体设计视图中的"输出"按钮，右击，从弹出的快捷菜单中选择"事件生成器"命令，打开代码生成器。

步骤 2：在 btnP 按钮的 Click 事件中补充计算 10 000 以内的素数个数及最大素数两个值的语句：

```
For i=2 To 10000
    If sushu(i) Then
        n=n+1
        If i>mn Then
            mn=i
        End If
    End If
Next i
```

步骤 3：右击"打开表"按钮，从弹出的快捷菜单中选择"事件生成器"命令，打开代码生成器。在 btnQ_Click 过程中补充代码调用宏对象 mEmp 的语句：DoCmd. RunMacro "mEmp"。关闭代码生成器，关闭属性表。

步骤 4：保存窗体。然后右击窗体标题栏，从弹出的快捷菜单中选择"窗体视图"命令查看窗体运行效果。

样卷二答案解析

一、选择题

(1) A。解析：对于线性结构，除了首结点和尾结点外，每一个结点只有一个前驱结点和一个后继结点。线性表、栈、队列都是线性结构，循环链表和双向链表是线性表的链式存储结构;带链的栈是栈的链式存储结构。二叉链表是二叉树的存储结构,而二叉树是非线性结构,因为二叉树有些结点有两个后继结点。

(2) D。解析:循环队列中,front 为队首指针,指向队首元素的前一个位置;rear 为队尾指针,指向队尾元素。由题目可知,循环队列最多存储 35 个元素。front＝rear＝15 时,循环队列可能为空,也可能为满。

(3) C。解析:栈是一种先进后出的线性表,也就是说,最先入栈的元素在栈底,最后出栈;而最后入栈的元素在栈顶,最先出栈。

(4) B。解析:关系数据库使用的是关系模型,用二维表来表示实体间的联系。属性是客观事物的一些特性,在二维表中对应于列。

(5) C。解析:实体间的联系有一对一($1:1$)、一对多($1:m$)和多对多($m:n$),没有多对一($m:1$)。题目中,一个部门可以有多名职员,而每个职员只能属于一个部门,显然,部门和职员间是一对多的联系。

(6) A。解析:由关系 R 得到关系 S 是一个一元运算,而自然联结和并都是多元运算,可以排除选项 C 和选项 D。关系 S 是由关系 R 的第三个元组成,很显然这是对关系 R 进行选择运算的结果。投影运算则是要从关系 R 中选择某些列。可以简单地理解,选择运算是对行的操作,投影运算是对列的操作。

(7) A。解析:数据字典用于对数据流图中出现的被命名的图形元素进行确切地解释,是结构化分析中使用的工具。

(8) D。解析:需求规格说明书是需求分析的成果,其作用是:便于开发人员进行理解和交流;反映用户问题的结构,可作为软件开发工作的基础和依据;可作为确认测试和验收的依据。可行性研究是在需求分析之前进行的,软件需求规格说明书不可能作为可行性研究的依据。

(9) C。解析:黑盒测试用于对软件的功能进行测试和验证,无须考虑程序内部的逻辑结构。黑盒测试的方法主要包括:等价类划分法、边界值分析法、错误推测法、因果图等。语句覆盖、逻辑覆盖、路径分析均是白盒测试的方法。

(10) C。解析:软件概要设计阶段的任务有:软件系统结构的设计,数据结构和数据库设计,编写概要设计文档,概要设计文档评审。确认测试是依据需求规格说明书来验证软件的功能和性能,也就是说,确认测试计划是在需求分析阶段就制定了。

(11) A。解析:在进行数据库设计时,要避免大而复杂的表,将需求信息划分成各个独立的实体,将不同的信息分散在不同的表中,这样便于数据的组织和维护。同时,在设计时,除了表中用于反映与其他表之间存在联系的外部关键字之外,要尽量避免在表之间出现重复的字段,以防止在数据操作时造成数据的不一致。

(12) D。解析:通配符通常用在查找中,"-"的用法是:通配指定范围内的任意单个字符,如输入 m[a-c]n,可以查找到 man、mbn、mcn。

(13) B。解析:"L"表示输入的必须是字母,"0"表示输入的必须是数字,只有选项 B 符合要求。

(14) B。解析:使用数据库表时,经常需要从众多的数据中挑选出满足某种条件的数据进行处理。筛选后,表中只显示满足条件的记录,而那些不满足条件的记录将被隐藏起来。可见,筛选操作不会对数据表的内容进行处理,也不会生成新表,只是改变了显示内容。

(15) C。解析:在设置查询条件时,可用 Like 运算符来指定查找文本字段的字符模式。在所定义的字符模式中,用"?"表示该位置可匹配任何一个字符;用"*"表示该位置可匹配任何多个字符;用"#"表示该位置可匹配一个数字;用[]描述一个范围,用于指定可匹配的字符范围。如果字符中没有通配符,则在查找时进行严格的匹配,Like "华"只能查找出姓名为"华"的记录。这里要指出的是,用"*"进行匹配时,可以是 0 个字符,因此选项 C 的表达式正确。

(16) D。解析:本题要弄清查询设计窗口设计网格区(即窗口的下半部分)各行的作用。字段——设置查询对象时要选择的字段,本题选择了"学号"、"身高"和"体重"三个字段;表——设置字段所在的表或查询的名称,本题中的表名为 check-up;显示——定义选择的字段是否在数据表(查询结果)视图中显示出来,如果对应的复选框选中,则在查询结果中显示该字段,否则不显示,本题中的三个字段都显示。

(17) C。解析:SetValue 用于对窗体、窗体数据表或报表的字段、控件、属性的值进行设置。RunSQL 用于执行指定的 SQL 语句以完成操作查询或数据定义查询。Echo 用于指定是否打开响应。

(18) D。解析:删除查询能够从一个或多个表中删除记录,如果记录全部删除,则表变为空表;如果删除部分记录,原来的记录还有一部分会存在。追加查询能够将一个或多个表的数据追加到另一个表的尾部,原来的记录仍然存在。生成表查询是利用一个或多个表中的全部或部分数据建立新表,原表依然存在。更新查询对一个或多个表中的一组记录全部进行更新,当然也可以更新一个表中的所有记录,相当于覆盖了原表。

(19) A。解析:"字段大小"属性只适用于数据类型为"文本型"或"数字型"的字段。"文本型"的"字段大小"属性用于控制能输入的最大字符个数,默认为 50 个字符。对于一个"数字型"字段,可以单击"字段大小"属性框,然后单击右侧向下箭头按钮,并从下拉列表中选择一种类型,如附图 D.18 所示。

(20) D。解析:"avg(入学成绩)"的作用是求"入学成绩"的平均值;Select 是 SQL 的查询语句;Group By 的作用是定义要执行计算的组。所以本题 SQL 命令的作用是将学生表按性别分组,计算并显示各性别和各性别对应的入学成绩的平均值。

(21) D。解析:窗口事件是指操作窗口时所引发的事件,常用的窗口事件有"打开"、"关闭"和"加载"等。

(22) B。解析:组合框既可以进行选择,也可以输入文本,其在窗体上输入的数据总是取自某一个表或者查询中记录的数据,或者取自某固定内容的数据;列表框除不能输入文本外,其他数据来源与组合框一致。而文本框主要用来输入或编辑字段数据,是一种交互式控件;复选框是作为单独的控件来显示表或查询中的"是"或

附图 D.18   选择题 19 图

"否"的值。

(23) D。解析：Access 里通配符用法如下。

＊：通配任意个字符,它可以在字符串中当作第一个或最后一个字符使用。

？：通配任意一个字母字符。

！：通配任意一个不在括号内的字符。

＃：通配任意一个数字字符。

(24) B。解析：绑定对象框用于在窗体或报表上显示 OLE 对象,例如一系列的图片。该控件针对的是保存在窗体或报表基础记录源字段中的对象。当在记录间移动时,不同的对象将显示在窗体或报表上;而图像框是用于在窗体中显示静态图片;非绑定对象框则用于在窗体中显示非结合 OLE 对象,例如 Excel 电子表格。当在记录间移动时,该对象将保持不变;列表框用于显示可滚动的数值列表。

(25) B。解析：报表页眉中的任何内容都只能在报表开始处,即报表的第一页打印一次。报表页脚一般是在所有的主体和组页脚被输出完成后才会打印在报表的结束处。页眉页脚用来显示报表中的字段名称或对记录的分组名称,报表的每一页有一个页面页眉。它一般显示在每页的顶端。页面页脚是打印在每页的底部,用来显示本页的汇总说明,报表的每一页有一个页面页脚。

(26) B。解析：GROUP BY 用于对检索结果进行分组,HAVING 必须跟随 GROUP BY 使用,用来限定分组必须满足的条件。

(27) A。解析：Max 是报表中常用的函数,函数的格式是 Max(参数),此时就可以直接排除 B、C、D 三个选项。这里还要注意,引用字段时,要用方括号括起来,如[数学]。

(28) B。解析：由查询设计器的网格区第 4 行"追加到"可知,创建的查询是追加查询。如果是删除查询,则查询设计器会显示一个"删除"行;如果是更新查询,则查询设计器会显示一个"更新到"行;生成表查询,将从多个表中提取的数据组合起来生成一个新表。

(29) B。解析：组页脚主要安排文本框或其他类型控件显示分组统计数据。报表页脚可安排文本框或其他一些控件,用于输出整个报表的计算汇总或其他的统计信息。

(30) C。解析：ADO 对象模型主要的 5 个对象是 Connection、Command、Field、Error 和 Recordset。Connection 对象：用于建立与数据库的连接。Command 对象：在建立数据库连接后,可以发出命令操作数据源。Recordset 对象：表示数据操作返回的记录集。Field 对象：表示记录集中的字段数据信息。Error 对象：表示数据提供程序出错时的扩展信息。

(31) A。解析：在立即窗口中,可以输入或粘贴一行代码并执行该代码。要在立即窗口打印变量或表达式的值,可使用 Debug. Print 语句。

调试 VBA 程序时,可利用监视窗口显示正在运行过程定义的监视表达式的值。

使用本地窗口,可以自动显示正在运行过程中的所有变量声明及变量值。

属性窗口列出了选定对象的属性,可以在设计时查看、改变这些属性。

(32) C。解析：Exit 是控件的事件,该事件在焦点从一个控件移动到同一窗体上的另一个控件之前发生。打开窗体时,会发生打开(Open)、加载(Load)、激活(Activate)事件;关闭窗体时发生卸载(Unload)事件。

(33) C。解析:DISTINCT 关键字要求查询结果是不包含重复行的所有记录,TOP n 则要求查询结果是前 n 条记录,GROUP BY 用于对检索结果进行分组,ORDER BY 用于对检索结果进行排序。

(34) D。解析:在 VBA 程序中,注释可以通过两种方式实现。

① 使用 Rem 语句,格式为:Rem 注释语句,如:

```
Rem 定义变量
```

如果该注释语句与程序代码放在同一行,则前面须加一个冒号,如:

```
Str="shanghai" : Rem 注释
```

② 用单引号"'",格式为:'注释语句,如:

```
Str="南京"  '这是注释
```

(35) A。解析:在 VBA 程序中,过程分为 Sub 过程和 Function 过程,两者的区别是 Sub 过程无返回值而 Function 过程有返回值。

(36) D。解析:Sub 过程的调用有以下两种方式。

方式一:

```
Call 子过程名([<实参>])
```

方式二:

```
子过程名 [<实参>]
```

如果使用 Call,则参数需用括号括起来,且与子过程名之间没有空格,如 Call P(10, 20)。如果不使用 Call,则直接在子过程名后列出参数,如 P 10, 20。

(37) D。解析:Left 属性用于指定标签左边的位置,即标签左边到窗口左边的距离。本题在命令按钮的单击事件中,将标签的 Left 值加 100,则标签左边到窗口左边的距离比原来远了 100,可见,标签向右移动了 100。

(38) C。解析:For 循序用于给数组 m 的元素赋值,$m(1)=11-1,m(2)=11-2,\cdots,m(k)=11-k,\cdots,m(10)=11-10$。$x=6,m(x)=m(6)=11-6=5,m(2+m(x))=m(2+5)=m(7)=11-7=4$。因此,输出结果为 4。

注意,在默认的情况下,数组的下标是从 0 开始的,Dim m(10)语句所定义的数组有 11 个元素,分别是 $m(0),m(1),m(2),\cdots,m(10)$。For 循环中没有给 m(0)赋值。

(39) B。解析:初始时,$f1=f2=1$。$n=3$ 时,$f=f1+f2=1+1=2,f1=f2=1,f2=f=2$;$n=4$ 时,$f=f1+f2=1+2=3,f1=f2=2,f2=f=3$;$n=5$ 时,$f=f1+f2=2+3=5,f1=f2=3,f2=f=5$;$n=6$ 时,$f=f1+f2=3+5=8,f1=f2=5,f2=f=8$;$n=7$ 时,$f=f1+f2=5+8=13,f1=f2=8,f2=f=13$。最终结果为 $f=f2=13,f1=8$。

(40) A。解析:DAO 模型的层次结构如附图 D.19 所示,DBEngine 是 DAO 模型的最上层对象,包含并控制 DAO 模型中的其余全部对象。

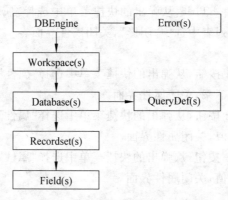

附图 D.19 DAO 模型层次结构图

二、基本操作题

(1)【操作步骤】

步骤 1：选择表对象，右键单击"销售业绩表"，从弹出的快捷菜单中选择"设计视图"命令。

步骤 2：选择"时间"、"编号"、"物品号"字段，单击右键，弹出快捷菜单，选择"主键"，保存并关闭设计视图。

(2)【操作步骤】

步骤 1：右键单击"物品表"，从弹出的快捷菜单中选择"设计视图"命令。

步骤 2：在"字段名称"列将"生产厂家"改为"生产企业"。

步骤 3：单击快速访问工具栏中的"保存"按钮，关闭设计视图界面。

(3)【操作步骤】

步骤 1：在"数据库工具"选项卡中单击"关系"组中的"关系"按钮，打开空白的"关系"窗口。从"关系工具"选项卡中的"关系"组单击"显示表"按钮，弹出"显示表"对话框，分别添加表"职工表"、"物品表"和"销售业绩表"，关闭"显示表"对话框。

步骤 2：选中表"职工表"与"销售业绩表"的关系连线，右击鼠标，在弹出的快捷菜单中选择"编辑关系"命令，弹出"编辑关系"窗口，单击"实施参照完整性"，然后单击"确定"按钮。

步骤 3：按上述步骤编辑"销售业绩表"与"物品表"的关系，勾选"实施参照完整性"复选框，建立"销售业绩表"同"物品表"之间的关系。单击快速访问工具栏中的"保存"按钮，关闭关系界面。

(4)【操作步骤】

步骤 1：单击"外部数据"选项卡"导入并链接"组中的 Excel 按钮，在"考生文件夹"中找到要导入的文件，选择"通过创建链接表来链接到数据源"选项，然后单击"确定"按钮。

步骤 2：单击"下一步"按钮，选中"第一行包含列标题"复选框，单击"下一步"按钮。

步骤 3：最后在"链接表名称"中输入"tTest"，单击"完成"按钮。

(5)【操作步骤】

步骤 1：选择窗体对象，右键单击 fTest，从弹出的快捷菜单中选择"设计视图"命令。

步骤 2：右键单击控件 bTitle，从弹出的快捷菜单中选择"属性"命令，在"格式"选项卡的"特殊效果"右侧下拉列表中选中"阴影"，关闭属性界面。

（6）【操作步骤】

步骤 1：右键单击 bt1 按钮，从弹出的快捷菜单中选择"属性"命令，查看"左"、"宽度"和"高度"行的数值并记录下来，关闭属性界面。

步骤 2：右键单击 bt2 按钮，从弹出的快捷菜单中选择"属性"命令，在"左"、"宽度"和"高度"行输入记录下的数值，关闭属性界面。

步骤 3：右键单击 bt3 按钮，从弹出的快捷菜单中选择"属性"命令，在"左"、"宽度"和"高度"行输入记录下的数值，关闭属性界面。

三、简单应用题

（1）【操作步骤】

步骤 1：单击"创建"选项卡"查询"组中的"查询设计"按钮。

步骤 2：在"显示表"对话框中，双击表 tNorm 添加到关系界面中，关闭"显示表"对话框。

步骤 3：在字段行的第一列输入"m_data：Min（[最高储备]-[最低储备]）"，单击"查询工具"选项卡中"显示/隐藏"组中的"汇总"按钮，在"总计"行下拉列表中选择 Expression。

步骤 4：单击快速访问工具栏中的"保存"按钮，另存为"qT1"，关闭设计视图。

（2）【操作步骤】

步骤 1：单击"创建"选项卡"查询"组中的"查询设计"按钮。在"显示表"对话框双击表 tStock 和 tNorm，关闭"显示表"对话框。

步骤 2：分别双击"产品名称"和"库存数量"字段。

步骤 3：在"库存数量"字段的"条件"行输入"Between [最低储备] And [最高储备]"。

步骤 4：单击快速访问工具栏中的"保存"按钮，另存为"qT2"。关闭设计视图。

（3）【操作步骤】

步骤 1：单击"创建"选项卡的"查询"组中"查询设计"按钮。在"显示表"对话框双击表 tStock，关闭"显示表"对话框。

步骤 2：分别双击"产品代码"、"产品名称"和"库存数量"字段。

步骤 3：在"产品代码"字段的"条件"行输入"[请输入产品代码：]"。

步骤 4：单击快速访问工具栏中的"保存"按钮，另存为"qT3"。关闭设计视图。

（4）【操作步骤】

步骤 1：单击"创建"选项卡的"查询"组中"查询设计"按钮。

步骤 2：在"显示表"对话框双击表 tStock，关闭"显示表"对话框。

步骤 3：分别双击"产品名称"、"库存数量"和"单价"字段。

步骤 4：单击"设计"选项卡"查询类型"组中的"交叉表"按钮。

步骤 5：分别在"产品名称"、"库存数量"和"单价"字段的"交叉表"行中选择"行标题"、"列标题"和"值"。在"单价"字段的"总计"行中选择"平均值"。

步骤6：单击快速访问工具栏中的"保存"按钮，单击"完成"按钮。

四、综合应用题

（1）【操作步骤】

步骤1：选择窗体对象，右键单击 fEmp 窗体，在弹出的快捷菜单中选择"设计视图"命令。

步骤2：右键单击"窗体选择器"，在弹出的快捷菜单中选择"属性"命令，在"格式"选项卡的"标题"行输入"信息输出"，关闭属性界面。

（2）【操作步骤】

右键单击 bTitle 标签，在弹出的快捷菜单中选择"属性"命令。选择"格式"选项卡在"前景色"行输入"255"，关闭属性界面。

（3）【操作步骤】

步骤1：选择表对象，右键单击 tEmp 表，在弹出的快捷菜单中选择"打开"或双击打开 tEmp 表。选择"照片"字段列，右键单击"照片"列，在弹出的快捷菜单中选择"删除字段"命令，在弹出的对话框中选择"是"。

步骤2：单击快速访问工具栏中的"保存"按钮，关闭数据表。

（4）【操作步骤】

右键单击命令按钮"计算"，在弹出的快捷菜单中选择"事件生成器"命令，在空行内输入代码：

```
'*****Add1******
If rs.RecordCount=0 Then
'*****Add1******
'*****Add2******
tAge=sage
'*****Add2******
```

关闭界面，单击快速访问工具栏中的"保存"按钮，关闭设计视图。

样卷三答案解析

一、选择题

（1）D。解析：队列是一种"先进先出"的特殊线性表。队列的顺序存储结构一般采用循环队列的形式。循环队列是将队列存储空间的最后一个位置绕到第一个位置，形成逻辑上的环状空间。

（2）D。解析：栈和队列都是线性结构。栈是一种"先进后出"的特殊线性表，而队列则是一种"先进先出"的特殊线性表。

（3）D。解析：在二叉树中，叶子结点数总比度为2的结点数多1，所以度为2的结点有5个，则度为1的结点数为25−5−4＝16。

（4）A。解析：数据库系统的三级模式为：内模式、外模式和概念模式。内模式给出了数据库物理存储结构与物理存取方法,如数据存储的文件结构、索引等;外模式是用户的数据视图,它是由概念模式推导而出;概念模式描述数据库系统中全局数据逻辑结构,不涉及具体的硬件环境和平台。

(5) C。解析:候选关键字可以唯一标识一个元组,二维表可以有若干个候选关键字,可以从候选关键字中选取一个作为主键。实体完整性约束要求关系中的主键中属性值不能为空值。

(6) A。解析:关系 T 由属于 R 但不属于 S 的元组组成,因此有 $T=R-S$。

(7) B。解析:软件生命周期的主要活动阶段包括:可行性研究和计划制定、需求分析、软件设计、软件实现、软件测试、软件运行和维护,不包括市场调研。

(8) B。解析:需求分析阶段的工作包括需求获取、需求分析、编写需求规格说明书和需求评审。集成测试依据的是概要设计说明书,所涉及的内容包括:软件单元的接口测试、全局数据结构测试、边界条件和非法输入的测试。制定软件集成测试计划是概要设计阶段的任务。

(9) D。解析:黑盒测试完全不考虑程序内部逻辑结构和内部特性,把程序看作是一个不能打开的黑盒子,对软件的功能进行测试和验证。

(10) A。解析:软件设计的工具有:图形工具(程序流程图、N-S、PAD、HIPO),表格工具(判定表),语言工具(PDL)。DFD 是结构化分析工具。

(11) B。解析:在 Access 数据库中记录用来表示实体,字段只能表示实体的某个属性,域则是属性的取值范围。

(12) B。解析:选择运算是从指定的关系中选取满足给定条件的若干元组以构成一个新关系的运算。新关系与原关系具有相同的模式。

(13) B。解析:主关键字是表中的一个或多个字段,它的值用于唯一地标识表中的某一条记录。在此题学生表中能作主关键字的只有学号这个字段。

(14) A。解析:建立索引的目的是加快对表中记录的查找或排序。对一个存在大量更新操作的表,所建索引的目录一般不要超过三个,最多不要超过 5 个。索引虽说提高了访问速度,但太多的索引会影响数据的更新操作。

(15) C。解析:Like 是在查询表达式的比较运算符中用于通配设定,其搭配使用的通配符有“＊”、“♯”和“?”。“＊”表示由 0 个或任意多个字符组成的字符串,“♯”表示任意一个数字,“?”表示任意一个字符。

(16) A。解析:使用 Is Null 可以判断表达式是否包含 Null 值。在本题中,为“姓名”字段使用此函数的意思是查询所有姓名为空的记录,故答案为选项 A。

(17) D。解析:在一对多关系中,“一方”称为主表,“多方”称为从表。“级联更新相关字段”指的是当用户修改主表中关联字段的值时,Access 会自动地修改从表中相关记录的关联字段的值。

(18) D。解析:根据教师表的“选择查询”设计视图可以看出,查询的结果是按照“职称”字段分组,对“姓名”字段进行计数,意思是按照职称统计各类职称教师个数。

(19) C。解析:选项 C 的查询结果是从教师表中查找“职称”是教授的教师,与题干要求不同。

(20) A。解析：控件的类型分为绑定型、未绑定型与计算型三种。绑定型控件主要用于显示、输入、更新数据库的字段；未绑定控件没有数据来源，可以用来显示信息；计算型控件用表达式作为数据源，表达式可以利用窗体或报表所引用的表或查询字段中的数据，也可以是窗体或报表上的其他控件中的数据。所以只有绑定型控件能够更新表中数据。

(21) D。解析：组合框的列表是由多行数据组成，但平时只显示一行，需要选择其他的数据时，可以单击右侧的向下箭头按钮，在此题中学历字段的设计可以使用组合框控件。

(22) B。解析：为了修饰版面以达到好的显示效果，在报表设计工具栏中，可以使用直线和矩形控件完成。

(23) B。解析：计算型文本框用于显示计算型控件中表达式的结果，计算公式可以由函数、字段名称或控件名称组成，所以为了显示时间，可以在计算型文本框的控件来源中输入时间函数组成的表达式。

(24) C。解析：在 SQL 语句中更新数据的命令语句为：UPDATE 数据表 SET 字段名＝字段值 WHERE 条件表达式。

(25) C。解析：本题中 SELECT 语句查询操作的结果是在学生表中查找各班年龄最大的记录。由题可知，学生表中有几个班，查找出的记录就有几个。

(26) A。解析：参照完整性是在输入或者删除记录时，为维持表之间已定义的关系而必须遵守的规则。如果实施了参照完整性，那么当主表中没有相关记录时，就不能将记录添加到相关表中，也不能在相关表中存在匹配的记录时删除主表中的记录，更不能在相关表中有相关记录时，更改主表中的主关键字值。

(27) C。解析：在"设计"视图中，将"所在单位"的"总计"行设置成 group by，将"应发工资"的"总计"行设置成 sum 就可以按单位统计应发工资总数了。其中的 group by 的作用是定义要执行计算的组；sum 的作用是返回字符表达式中值的总和，而 count 的作用是返回表达式中值的个数，即统计记录个数。

(28) D。解析：开发人员常常使用 AutoExec 宏来自动操作一个或多个 Access 数据库，但 Access 不提供任何内置的方法来有条件避开这个 AutoExec 宏，不过可以在启动数据库时按住 Shift 键来避开运行这个宏。

(29) A。解析：随机数函数 Rnd(＜数值表达式＞)用于产生一个小于 1 但大于 0 的值，该数值为单精度类型。Int(数值表达式)是对表达式进行取整操作，它并不做"四舍五入"运算，只是取出"数值表达式"的整数部分。

(30) D。解析：InputBox 的返回值是一个数值或字符串。当省略尾部的"＄"时，InputBox 函数返回一个数值，此时，不能输入字符串。如果不省略"＄"，则既可输入数值也可输入字符串，但其返回值是一个字符串。因此，如果需要输入数值，并且返回的也是数值，则应省略"＄"；而如果需要输入字符串，并且返回的也是字符串，则不能省略"＄"。如果不省略"＄"，且输入的是数值，则返回字符串，当需要该数值参加运算时，必须用 Val 函数把它转换为数值。

(31) C。解析：SetValue 命令可以对 Access 窗体、窗体数据表或报表上的字段、控件、属性的值进行设置。SetValue 命令有两个参数,第一个参数是项目(Item),作用是存放要设置值的字段、控件或属性的名称。本题要设置的属性是标签的 Caption([Label0].[Caption])。第二个参数是表达式(Expression),使用该表达式来对项目的值进行设置,本题的表达式是文本框的内容([Text0]),所以对 Text0 更新后运行的结果是文本框的内容复制给了标签的标题。

(32) B。解析:宏是指一个或者多个操作的集合,其功能是使操作自动化,所以在宏设计窗口中操作列不可以省略。

(33) B。解析:利用宏可显示提示信息,打开报表,打开和关闭窗口,但是不能对错误进行处理。

(34) A。解析:事件是 Access 窗体或报表及其上的控件等对象可以"辨识"的动作,可以使用宏对象来设置事件属性,也可以为某个事件编写 VBA 代码过程,完成指定操作。事件触发后执行的操作由用户为此事件编写的宏或事件过程决定。事件过程可以由用户操作触发,也可以由系统触发。不同对象可以有相同的事件,相同事件也可以有不同的响应过程。

(35) D。解析:类模块是包含类的定义的模块,包含其属性和方法的定义。类模块有三种基本形式:窗体类模块、报表类模块和自定义类模块,它们各自与某一窗体或报表相关联。窗体和报表模块通常都含有事件过程,用于响应窗体或报表中的事件。可以使用事件过程来控制窗体或报表的行为,以及它们对用户操作的响应。

(36) A。解析:EOF 函数是用来测试当前读写位置是否位于"文件号"所代表文件的末尾。

(37) C。解析:Round(<数值表达式>[,<表达式>])按照指定的小数位数进行四舍五入运算的结果。[,<表达式>]是进行四舍五入运算小数点右边应保留的位数。例如:Round(3.754,1)=3.8;Round(3.754,2)=3.75。Fix 函数用于返回数值的整数部分;Rnd 函数用于返回一个随机数;Int 函数用于返回数值的整数部分。

(38) A。解析:While 循环用于给数组元素赋值,将从键盘输入的 10 个数据分别赋给 arr(1)~arr(10)。For 循环的主要功能是将 arr(1)~arr(9)的每个元素与其后面的一个元素进行比较,将较大的排在后面。本题的输出结果是:10,20,50,40,30,80,90,60,70,100。

(39) C。解析:此程序的功能是对 2~40 间的偶数递增式累加,每次相加的偶数个数在增多。变量 t 的作用是存放不断增加的偶数和,变量 sum 存放总和。因为这些加数均是偶数,累加变量 m 应该增加 2。

(40) D。解析:利用 ADO 访问数据库,想要读取数据库中的数据,先要定义和创建 ADO 对象实例变量,然后下一步就是要与数据库取得连接,接着利用连接参数进行数据库连接,连接后根据 SQL 命令执行返回记录集,并对记录集进行操作,当操作结束不需要使用连接对象时,要用 close 方法来关闭连接。

二、基本操作题

(1)【操作步骤】

步骤 1:选择"表"对象,右击表"销售业绩表",从弹出的快捷菜单中选择"设计视图"

命令。

步骤2：选中"时间"、"编号"、"物品号"字段，从右键菜单中选择"主键"命令。

步骤3：单击"保存"按钮，关闭设计视图。

（2）【操作步骤】

步骤1：选择"表"对象，右键单击"职工表"，从弹出的快捷菜单中选择"设计视图"命令。

步骤2：在"性别"字段的下一行"字段名称"中输入"类别"，单击"数据类型"列选择"文本"，在下面"字段大小"行输入"2"，在"有效性规则"行输入""在职" or "退休""。

步骤3：按 Ctrl＋S 键保存修改，关闭设计视图。

（3）【操作步骤】

步骤1：单击"外部数据"选项卡中"导入并链接"组中的"文本文件"按钮，打开"获取外部数据"对话框，单击"浏览"按钮，在"考生文件夹"找到要导入的文件 Test. txt，单击"打开"按钮，选择"通过创建链接表来链接到数据源"，单击"确定"按钮。

步骤2：单击"下一步"按钮，选中"第一行包含字段名称"复选框，单击"下一步"按钮。

步骤3：在"链接表名称"中输入"tTest"，单击"完成"按钮。

（4）【操作步骤】

步骤1：选择"窗体"对象，右键单击 fTest，从弹出的快捷菜单中选择"设计视图"命令。

步骤2：右键单击 bt1 按钮，从弹出的快捷菜单中选择"属性"命令，查看"左"、"上边距"、"宽度"和"高度"，并记录下来。关闭属性表。

步骤3：右键单击 bt2 按钮，从弹出的快捷菜单中选择"属性"命令，查看"左边距"，并记录下来。关闭属性表。

步骤4：要设置 bt3 与 bt1 大小一致、上对齐且位于 bt1 和 bt2 之间，右键单击 bt3 按钮，从弹出的快捷菜单中选择"属性"命令，分别在"左边距"、"上边距"、"宽度"和"高度"行输入"4cm"、"2cm"、"2cm"和"1cm"，关闭属性表。

步骤5：按 Ctrl＋S 键保存修改。

（5）【操作步骤】

步骤1：右键单击 bt1 按钮，从弹出的快捷菜单中选择"Tab 键次序"命令。

步骤2：选中 bt3 拖动鼠标到 bt2 下面，单击"确定"按钮。

步骤3：按 Ctrl＋S 键保存修改，关闭设计视图。

（6）【操作步骤】

步骤1：选择"宏"对象。

步骤2：右键单击 mTest，从弹出的快捷菜单中选择"重命名"命令，在光标处输入"mTemp"。

三、简单应用题

（1）【操作步骤】

步骤1：单击"创建"选项卡"查询"组中的"查询设计"按钮，在"显示表"对话框中双击表 tStud，关闭"显示表"对话框。

步骤2：分别双击"学号"、"姓名"、"性别"、"年龄"和"简历"字段。

步骤3：在"简历"字段的"条件"行输入"not like" ＊ 摄影 ＊ ""，单击"显示"行取消该字段的显示。

步骤4：按Ctrl＋S键保存修改，另存为"qT1"。关闭设计视图。

（2）【操作步骤】

步骤1：单击"创建"选项卡"查询"组中的"查询设计"按钮，在"显示表"对话框中双击表tScore，关闭"显示表"对话框。

步骤2：分别双击"学号"和"成绩"字段。

步骤3：单击"设计"选项卡在"显示/隐藏"组中的"汇总"按钮，在"成绩"字段"总计"行下拉列表中选中"平均值"。

步骤4：在"成绩"字段前添加"平均成绩："字样。

步骤5：按Ctrl＋S键保存修改，另存为"qT2"。关闭设计视图。

（3）【操作步骤】

步骤1：单击"创建"选项卡"查询"组中的"查询设计"按钮，在"显示表"对话框中分别双击表tStud、tCourse、tScore，关闭"显示表"对话框。

步骤2：分别双击"姓名"、"课程名"、"成绩"字段添加到"字段"行。

步骤3：按Ctrl＋S键保存修改，另存为"qT3"。

（4）【操作步骤】

步骤1：单击"创建"选项卡"查询"组中的"查询设计"按钮，在"显示表"对话框中双击表tTemp，关闭"显示表"对话框。

步骤2：单击"设计"选项卡"查询类型"组中的"更新"按钮，双击"年龄"及"团员否"字段。

步骤3：在"年龄"字段的"更新到"行输入"[年龄]＋1"，"团员否"字段的"更新到"行输入"Null"。

步骤4：单击"设计"选项卡"结果"组中的"运行"按钮，在弹出的对话框中单击"是"按钮。

步骤5：按Ctrl＋S键保存修改，另存为"qT4"。关闭设计视图。

四、综合应用题

（1）【操作步骤】

步骤1：选择"表"对象，右键单击tEmp，从弹出的快捷菜单中选择"设计视图"命令。

步骤2：单击"聘用时间"字段行任一点，在"有效性规则"行输入"＜＝♯2006-9-30♯"，在"有效性文本"行输入"输入二零零六年九月以前的日期"。

步骤3：按Ctrl＋S键保存修改，关闭设计视图。

（2）【操作步骤】

步骤1：选择"报表"对象，右键单击rEmp，从弹出的快捷菜单中选择"设计视图"命令。

步骤2：单击报表设计工具"设计"选项卡"分组和汇总"组中的"分组和排序"按钮，在"分组、排序和汇总"中选择"添加排序"，选择排序依据为下拉列表中的"年龄"字段，选择

"降序",关闭"分组、排序和汇总"界面。

步骤3：右键单击 tPage,从弹出的快捷菜单中选择"属性"命令,在"全部"选项卡"控件来源"行输入"=[Page] & "- " & [Pages]",关闭属性表。

步骤4：按 Ctrl+S 键保存修改,关闭设计视图。

(3)【操作步骤】

步骤1：选中"窗体"对象,右键单击 fEmp,从弹出的快捷菜单中选择"设计视图"命令。

步骤2：右键单击标签控件 bTitle,从弹出的快捷菜单中选择"属性"命令,在"标题"行输入"数据信息输出",在"宽度"和"高度"行输入"5cm"和"1cm",并在"文本对齐"行右边的下拉列表中选择"居中",关闭属性表。

(4)【操作步骤】

步骤1：右键单击命令按钮"输出",从弹出的快捷菜单中选择"事件生成器"命令,在空格行相应输入以下代码：

```
'*****Add1*****
Dim f(19) As Integer
'*****Add1*****
'*****Add2*****
f(i)=f(i-1)+f(i-2)
'*****Add2*****
'*****Add3*****
tData=f(19)
'*****Add3*****
```

关闭界面。

步骤2：按 Ctrl+S 键保存修改,关闭设计视图。

参 考 文 献

[1]　教育部考试中心. 全国计算机等级考试二级教程——Access 数据库程序设计(2013 年版). 北京：高等教育出版社,2013.

[2]　科教出版室. Access 2010 数据库技术及应用(第 2 版). 北京：清华大学出版社,2011.

[3]　教育部考试中心. 全国计算机等级考试二级教程——公共基础知识(2013 年版). 北京：高等教育出版社,2013.

[4]　王月敏,杨剑,史国川. Access 数据库技术与应用教程. 杭州：浙江大学出版社,2013.